本书得到以下基金项目资助：

国家自然科学基金面上项目资助（51778432）；

国家自然科学基金青年项目资助（51808495）；

中国博士后科学基金面上资助（2018M632499）；

高密度人居环境生态与节能教育部重点实验室（同济大学）开放课题资助（201830216）；

浙江工业大学第三批重点建设学科第二期建设经费——城乡规划与建筑学；

2018年度浙江工业大学人文社科后期资助

基于移动定位大数据的城市空间结构研究
——以上海中心城区为例

丁　亮　钮心毅　宋小冬　著

U0249907

中国建筑工业出版社

图书在版编目（CIP）数据

基于移动定位大数据的城市空间结构研究——以上海中心城区为例 / 丁亮，钮心毅，宋小冬著 . —北京：中国建筑工业出版社，2019.7

ISBN 978-7-112-23782-1

Ⅰ.①基⋯　Ⅱ.①丁⋯　②钮⋯　③宋⋯　Ⅲ.①城市空间 — 空间结构 — 研究 — 上海　Ⅳ.① TU984.251

中国版本图书馆 CIP 数据核字（2019）第 103809 号

本书以上海中心城区为例，从中心体系和功能区两个部分切入，并以功能联系为主要视角，使用手机信令等移动定位大数据分析与居民生产、生活密切相关的就业空间结构和游憩空间结构。研究内容包括手机信令数据的处理和检验；中心城区范围探讨和识别；城市公共中心识别、等级判断及其吸引辐射范围分析与解读；职住空间关系及功能区划分；空间结构模式总结等。

本书可供高等院校、研究机构中的城乡规划、城市地理专业的研究人员，硕士、博士研究生；城乡规划设计机构、商业咨询机构的专业技术人员；政府部门的城乡规划管理人员等学习参考。

责任编辑：吴宇江

责任校对：王　烨

基于移动定位大数据的城市空间结构研究
——以上海中心城区为例

丁　亮　钮心毅　宋小冬　著

*

中国建筑工业出版社出版、发行（北京海淀三里河路 9 号）

各地新华书店、建筑书店经销

北京点击世代文化传媒有限公司制版

北京建筑工业印刷厂印刷

*

开本：787×1092 毫米　1/16　印张：12¼　字数：232 千字

2019 年 12 月第一版　2019 年 12 月第一次印刷

定价：136.00 元

ISBN 978-7-112-23782-1

（34081）

前　　言

　　城市空间结构是一个经久不衰的研究话题。根据 1960 年代 Foley 和 Weeber 提出的空间结构概念，空间结构存在两个视角的特征——空间形式（表现为土地、人口、就业岗位等要素的数量、集聚度、密度等）和功能联系（表现为人流、物流、信息流等要素的范围、强度、吸引力等）。但受观测手段限制，城市内部空间结构研究大都仅关注由土地、人口、就业岗位等要素空间分布的形式特征，而较少涉及由人流、物流、信息流等要素空间联系形成的功能联系特征。近年来，随着移动定位大数据出现，为功能联系研究提供了重要的观测手段。

　　自 2013 年"大数据"受到社会各界关注以来，其对城乡规划的影响引起了热议：国内学术期刊开设"大数据"专栏，邀请专家学者撰文探讨城乡规划的机遇和挑战；规划院校和设计机构纷纷成立"大数据"实验室，探索"大数据"应用。本课题研究始于 2014 年。随着研究推进，研究团队逐渐形成了以下观点："大数据"是一种数据资料，是传统数据的补充，不是所有问题都适宜用"大数据"来解决，也没有必要在传统数据能解决问题的情况下为了赶"时髦"而使用"大数据"。"大数据"需应用于传统数据无法解决的问题上，其意义在于实现过去受数据限制无法开展的研究，其作用在于验证理论、评估现状和规划、预测未来。以手机信令为代表的移动定位类"大数据"与开展空间结构功能联系特征研究所需的数据高度契合，是"大数据"较为合适的应用方向之一。

　　本书基于已有空间结构理论，借助移动定位大数据对过去已经提出但未能实证的设想和问题进行解答，即是否真如理论描述的那样，人流、物流、信息流也是城市内部空间结构的构成要素，而不仅是空间结构的承载要素。依据这些"流"，对要素间的空间联系归纳出的若干特征与过去使用土地、人口、就业岗位等静态要素所描述的空间特征存在何种差异。由此引出了对中心城区范围、中心体系、功能区、空间结构模式等问题的讨论。

　　之所以选择使用手机信令数据研究上海中心城区的空间结构，是因为在中心城区层面，由人与人之间面对面交流形成的交通出行、人流集聚是形成城市空间问题的首要因素，以手机信令数据反应的"人流"为切入点比其他"流"数据更有意义。上海中心城区近 10 年的发展可能成为我国其他城市的标杆，作为案例具有典型性。

研究发现：①基于功能联系视角，上海中心城区已超出外环线限定的 664km² 的范围，涉及中心城及其周边地区的 125 个街道，面积 1180km²；②上海中心城区就业中心和商业中心都呈主中心强大的弱多中心体系，这是城市中心与交通网络长期相互作用，并在集聚经济规律、对传统中心的路径依赖下形成；③各中心的腹地和势力范围受黄浦江、延安路高架的空间分隔作用较明显，沿地铁形成飞地和势力范围争夺区；④九亭、三林、外高桥等地既缺少就业中心又缺少商业中心，新增公共中心建议优先考虑这些地区；⑤行政区划、自然和人工界限会通过潜在的空间限定和公共服务设施配置、交通阻隔等因素影响就业—居住和游憩—居住活动的空间范围。本研究还概括出上海中心城区就业和游憩空间结构都呈"弱多中心体系＋扇形分区"的模式：中心地区就业、商业功能高度集聚是传统 CBD；外围分布若干低等级就业、商业中心；以地铁线为代表的放射交通走廊构成了空间结构扇形模式的骨架。这种扇形结构与内环、中环和外环 3 个圈层的空间结构传统认识有较大差异。但若跳出对空间结构的传统认识，本项研究得到的结论也是易于理解的：普遍认为上海中心城区存在由外围到中心地区的潮汐交通，放射地铁线网助长了潮汐交通，这其实就是对扇形结构的直观感受。从空间形式和功能联系两方面描述空间结构，可以对城市空间结构有更全面的认识。

本书各章节内容安排如下：

第一章阐述当前城市空间结构研究中遇到的问题和新趋势、上海中心城空间结构遇到的现实问题、移动定位大数据的概念和特征，由此提出研究问题。

第二章回顾城市空间结构的概念框架，确立从就业和游憩两方面描述和解释空间结构；梳理空间结构研究成果，分析研究特征，构建中心体系和功能区两个部分、空间形式和功能联系两个视角的研究框架；提出使用移动定位大数据的城市空间研究尚待解决的问题。

第三章论述数据处理技术，提出从移动定位大数据中识别工作地、居住地和游憩地，提取就业—居住功能联系数据和游憩—居住功能联系数据的方法，检验数据识别结果。

第四章识别中心城区，确定研究范围。包括依据上海中心城就业—居住活动的影响范围划定中心城区范围；比较上海中心城就业活动和游憩活动影响范围差异。

第五章和第六章是两个平行的章节，分别研究上海中心城区的就业中心体系和商业中心体系。包括识别就业、商业中心，判断各中心能级，分析各中心势力范围，发现缺少中心的地区，解释中心体系的影响机制。

第七章讨论如何将上海中心城区划分为若干联系紧密的功能区，包括分别从就业—居住功能联系和游憩—居住功能联系的联系距离和联系方向分析就业—居住空间（简称职住空间）联系和游憩—居住空间（简称游住空间）联系的空间分布特征，解释背后的影响机制。最后结合中心体系的研究结论总结上海中心城区现状就业空间结构模式和游憩空间结构模式，这也是本研究的最终目标。

第八章总结前文研究结论、提出空间结构优化建议，对本书涉及的问题做进一步讨论。

本书第二章是理论依据，第三章是数据支撑，第四章到第七章是空间结构的研究主体。希望本书可以为城市空间结构研究、大数据支持城乡规划研究等方面提供思路和方法。

目　　录

Contents ○　　　　●

- -

前　　言

第1章　绪　　论 ……………………………………………………… 1

  1.1　研究背景和选题依据 …………………………………………… 1

    1.1.1　研究背景 ………………………………………………… 1

    1.1.2　移动定位大数据的概念和特征 ……………………… 3

    1.1.3　选题依据 ………………………………………………… 4

  1.2　研究范围和研究问题 …………………………………………… 5

  1.3　研究目的和意义 ………………………………………………… 7

    1.3.1　研究目的 ………………………………………………… 7

    1.3.2　研究意义 ………………………………………………… 7

第2章　相关研究成果回顾 …………………………………………… 8

  2.1　城市空间结构的概念框架 ……………………………………… 8

  2.2　城市空间结构的传统研究 ……………………………………… 9

    2.2.1　基于空间形式的城市空间结构研究 ………………… 9

    2.2.2　基于功能联系的城市空间结构研究 ………………… 12

  2.3　使用移动定位大数据的城市空间结构研究 ………………… 15

    2.3.1　研究进展 ………………………………………………… 15

    2.3.2　研究特征及问题 ……………………………………… 16

  2.4　本章小结 ………………………………………………………… 17

第3章　数据处理及检验 …………………………………………… 19

  3.1　手机信令数据 …………………………………………………… 19

3.1.1 数据概况 ··· 19

3.1.2 现有数据处理方法 ·································· 22

3.1.3 居住地、工作地识别 ···························· 24

3.1.4 游憩地识别 ··· 32

3.2 **地铁刷卡数据** ··· 40

3.2.1 数据概况 ··· 40

3.2.2 居住地、工作地识别 ···························· 41

3.2.3 游憩地识别 ··· 41

3.3 **本章小结** ··· 42

第4章 **中心城区范围识别** ······································ 44

4.1 **关于上海中心城的讨论** ·································· 44

4.2 **中心城区范围识别方法** ·································· 45

4.2.1 中心城区范围识别方法的依据 ·············· 45

4.2.2 本书识别中心城区范围的方法和原则 ····· 48

4.3 **中心城就业—居住活动影响范围** ···················· 49

4.3.1 中心城就业者的就业活动影响范围 ········· 49

4.3.2 中心城就业者的居住活动影响范围 ········· 52

4.3.3 现状中心城区范围 ································· 52

4.3.4 识别结果检验 ······································· 54

4.4 **中心城游憩—居住活动影响范围** ···················· 57

4.4.1 中心城游憩者的游憩活动影响范围 ········· 58

4.4.2 中心城游憩者的居住活动影响范围 ········· 59

4.4.3 中心城游憩和居住活动影响区 ·············· 59

4.5 **本章小结** ··· 61

第5章 **就业中心体系** ·· 62

5.1 **就业中心识别** ··· 62

5.1.1 就业中心识别的方法依据 ······················ 62

5.1.2 就业中心识别方法和识别结果 ·············· 63

5.1.3 识别结果检验 ······································· 66

      5.1.4　就业中心腹地 ·· 72

  5.2　就业中心能级 ··· 74

      5.2.1　能级判断的理论和方法依据 ·· 74

      5.2.2　就业密度视角能级 ··· 77

      5.2.3　通勤联系视角能级 ··· 79

      5.2.4　两个视角能级比较 ··· 82

  5.3　就业中心势力范围 ··· 82

      5.3.1　势力范围划分的理论和方法依据 ·· 82

      5.3.2　势力范围划分 ··· 83

      5.3.3　Huff 模型验证 ·· 87

  5.4　现状缺少就业中心的地区 ··· 91

  5.5　就业中心体系影响机制 ·· 93

      5.5.1　就业中心空间影响机制 ·· 93

      5.5.2　就业中心能级影响机制 ·· 95

      5.5.3　就业中心政策影响机制 ·· 99

  5.6　本章小结 ·· 103

第 6 章　商业中心体系 ··· 105

  6.1　商业中心识别 ··· 105

      6.1.1　商业中心识别方法和识别结果 ·· 105

      6.1.2　识别结果检验 ··· 108

      6.1.3　商业中心腹地 ··· 110

  6.2　商业中心能级 ··· 112

      6.2.1　游憩活动强度视角能级 ·· 112

      6.2.2　出行联系视角能级 ··· 114

      6.2.3　两个视角能级比较 ··· 116

  6.3　商业中心势力范围 ··· 117

      6.3.1　势力范围划分 ··· 117

      6.3.2　Huff 模型验证 ·· 119

  6.4　现状缺少商业中心的地区 ··· 122

  6.5　商业中心体系影响机制 ·· 124

6.5.1 商业中心空间影响机制 ‥‥‥‥‥‥‥‥‥ 124

6.5.2 商业中心能级影响机制 ‥‥‥‥‥‥‥‥‥ 126

6.5.3 商业中心政策影响机制 ‥‥‥‥‥‥‥‥‥ 130

6.6 就业中心体系和商业中心体系的关系 ‥‥‥‥‥‥‥‥‥ 132

6.7 本章小结 ‥‥‥‥‥‥‥‥‥‥‥‥‥‥‥‥‥‥‥‥ 134

第 7 章 功能区划分 ‥‥‥‥‥‥‥‥‥‥‥‥‥‥‥‥‥‥ 136

7.1 空间联系距离 ‥‥‥‥‥‥‥‥‥‥‥‥‥‥‥‥‥‥ 136

7.1.1 职住空间联系距离 ‥‥‥‥‥‥‥‥‥‥‥ 136

7.1.2 游住空间联系距离 ‥‥‥‥‥‥‥‥‥‥‥ 141

7.2 空间联系方向 ‥‥‥‥‥‥‥‥‥‥‥‥‥‥‥‥‥‥ 144

7.2.1 职住空间联系方向 ‥‥‥‥‥‥‥‥‥‥‥ 144

7.2.2 游住空间联系方向 ‥‥‥‥‥‥‥‥‥‥‥ 149

7.3 上海中心城区现状空间结构模式 ‥‥‥‥‥‥‥‥‥‥‥ 153

7.4 本章小结 ‥‥‥‥‥‥‥‥‥‥‥‥‥‥‥‥‥‥‥‥ 155

第 8 章 结论和讨论 ‥‥‥‥‥‥‥‥‥‥‥‥‥‥‥‥‥‥ 157

8.1 上海中心城区空间结构研究结论 ‥‥‥‥‥‥‥‥‥‥‥ 157

8.2 上海中心城区空间结构优化建议 ‥‥‥‥‥‥‥‥‥‥‥ 158

8.3 本研究的特点 ‥‥‥‥‥‥‥‥‥‥‥‥‥‥‥‥‥‥ 160

8.4 讨论 ‥‥‥‥‥‥‥‥‥‥‥‥‥‥‥‥‥‥‥‥‥‥ 160

8.4.1 对数据的讨论 ‥‥‥‥‥‥‥‥‥‥‥‥‥ 160

8.4.2 对空间结构测度方法的讨论 ‥‥‥‥‥‥‥ 162

附录 A 参数调整对居住地、工作地识别结果的影响 ‥‥‥‥‥ 165

附录 B 就业中心腹地 ‥‥‥‥‥‥‥‥‥‥‥‥‥‥‥‥‥ 168

附录 C 商业中心腹地 ‥‥‥‥‥‥‥‥‥‥‥‥‥‥‥‥‥ 173

附录 D 各街道居民社会经济属性 ‥‥‥‥‥‥‥‥‥‥‥‥ 177

参考文献 ‥‥‥‥‥‥‥‥‥‥‥‥‥‥‥‥‥‥‥‥‥‥‥ 178

后　　记 ‥‥‥‥‥‥‥‥‥‥‥‥‥‥‥‥‥‥‥‥‥‥‥ 185

1.1　研究背景和选题依据

1.1.1　研究背景

（1）传统研究缺少从功能联系视角认识城市空间结构

城市空间结构 [①] 是指空间形式（包括土地、人口、就业岗位等，通过数量、集聚度、密度等指标测度）和功能联系（包括人流、物流、信息流等，通过范围、强度、吸引力等指标测度）（Foley，1964；Webber，1964），包括他们的形成和演变机制（唐子来，1997）。中心地理论、芝加哥学派3种空间结构模式、Alonso竞租曲线是城乡规划学科进行空间结构研究所参考的经典理论。这3个理论主要贡献者所使用的观测手段、统计资料有局限，对城乡物质要素及集聚形式的描述侧重在空间表现形式，对人流、物流、信息流的了解还比较简单，尽管后来发展出了较大规模的交通调查，但是调查内容不够全面，抽样比例较低，在国内至今还要保密，由此限制了城乡规划实践较难建立在功能联系的基础上，学科发展也受限制。

（2）移动定位大数据为城市空间结构研究提供新的观测手段

1990年代后，航空流、通信流、企业关联网络等功能联系数据已成为区域空间结构研究的常规数据，空间结构研究范式出现了由关注规模到关注功能联系的转变（Meijers，2007）。近年来，随着各种移动定位系统，互联网络的发展，获取个体移动轨迹数据成为可能。在城市内部空间结构研究中也开始出现了利用社交网站签到数据、公交刷卡数据、浮动车GPS数据、手机数据等个体移动定位大数据、从"人流"联系视角分析空间结构，为基于功能联系视角研究空间结构提供了新的观测手段。

[①]　城市空间结构有内部空间结构和外部空间结构两个层次（详见第2章），下文若无特别说明均指城市内部空间结构。

（3）大城市中心城区空间结构研究尚有诸多问题待探讨

2000年后，随着城市化进程加快，基础设施升级改造、大规模新城建设、旧城更新，使得城市系统越发复杂，空间结构开始发生改变。以上海为例，外环以内的中心城面积约664km²，有约1132万常住人口和417万第三产业就业岗位[①]，占全市10%的陆域面积集聚了全市49.2%的常住人口和75.9%的第三产业就业岗位。除居住、就业活动外，休闲、娱乐等活动也高度集聚在中心城内。近年来，随着土地资源愈发紧缺，中心城的城市建设用地不得不向外蔓延，在外环周边的近郊区集聚了大量居住和产业用地，中心城内部也在"疏解人口""退二进三"的政策引导下将三类居住用地、工业用地调整为商务办公用地。在上述因素影响下，如何优化空间结构一直是规划界关注的焦点。

但当前大城市中心城区空间结构研究成果对规划实践指导作用有限。仍然以上海为例：一是部分研究偏向于关注空间结构的演变、机制解释和优化策略（彭再德 等，1998；马吴斌 等，2008；付磊，2008），对空间结构的现状分析深度有限。二是部分研究偏向于关注社会、经济问题（李云 等，2006；唐子来 等，2016；韦亚平 等，2008），对物质空间问题关注不够。三是多数研究其实是在区域尺度开展（李健 等，2007；付磊，2008；张伊娜，2008；涂婷 等，2009；孙斌栋 等，2007；孙斌栋 等，2010；魏旭红 等，2014；于涛方 等，2016），对中心城区尺度的城市内部空间结构研究较少。这主要是由于：①城乡规划实践工作的主要目标是提出规划对策和方案，研究工作更加关注背后的社会、经济影响机制，对"是什么"的基础性研究工作（即规划实践中的现状分析）重视不够。并且很多规划师认为通过实地调查和基础资料查阅、凭借经验判断也能得到正确的结论，没有必要对现状分析投入过多精力。②研究缺乏数据支持，可获取的调查、统计资料对于中心城区尺度研究来说精度可能偏低，在揭示城市内部空间结构方面效果不佳，限制了研究开展。

（4）大城市进入存量发展阶段，规划对现状认知提出了更高要求

近年来，以上海为代表的大城市逐渐由增量发展转为存量发展。上海新一轮总体规划提出了"建设用地零增长"的目标，中心城空间结构规划重在对现状的优化提升。有别于以往城市扩张阶段，在"白纸"上描绘终极蓝图的规划，当前存量规划要求对投射在空间上的城市社会、经济、文化等活动之间错综复杂的关系进行更加准确地分析，以把握物质空间发展规律、更加理性认识城市空间结构。只有对现状进行深入、准确分析，规划才能有的放矢。

---

① 常住人口数据和就业岗位数据分别来自上海第六次人口普查和第二次经济普查。

1.1.2　移动定位大数据的概念和特征

1.1.2.1　移动定位大数据的概念

移动定位大数据涉及"移动定位数据"和"大数据"两个概念。其中移动定位数据的概念比较明确，从字面上也可以理解：通过 GPS 定位、移动运营商 LBS 基站定位、Wifi 定位等定位技术获取的用户位置往往是经纬度坐标数据。

大数据（Big Data）是近年来才出现的名词。麦肯锡咨询公司（McKinset & Company）在其 2011 年发布的《大数据：创新、竞争和生产力的下一个前沿》的报告中将大数据定义为"大小超出了典型数据库软件的采集、储存、管理和分析能力的数据集"。包括两方面内涵："一是符合大数据标准的数据集大小是变化的，会随着时间推移、技术进步而增长；二是不同部门符合大数据标准的数据集大小会存在差别。目前，大数据的一般范围是从几个 TB 到数个 PB"。大数据的类型包括文字、沟通、位置三个方面（Mayer-Schonberger，*et al*，2013）。

可以明确的是移动定位大数据属于位置类大数据，是移动定位数据中数据集较大的数据，是位置类大数据中涉及移动定位的数据（图 1-1）。但数据集"大"到多少才能称得上大数据无明确界定，大数据与非大数据之间的界线并不是绝对的。为有别于传统问卷调查（包括交通调查）获取的个体 OD 数据、研究者通过发放手持 GPS 设备获取的移动轨迹数据，本书的移动定位大数据是指"非个体研究者通过定位技术自动记录下来的数据"，包括社交网站签到数据、公交刷卡数据、浮动车 GPS 数据、手机数据等。其中社交网站签到数据是指在新浪微博、Facebook、Twitter 等社交网站上的签到地点数据，需要指出的是用户之间相互关注的数据没有用到移动轨迹，不属于本书所指的移动定位大数据；公交刷卡数据包括地铁、公交车等公共交通工具的刷卡数据；浮动车 GPS 数据包括出租车、公交车、货车等车辆的 GPS 数据；手机数据包括手机话单、手机上网、手机信令等数据。

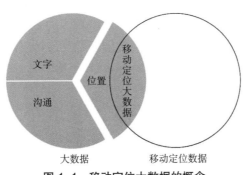

图 1-1　移动定位大数据的概念

1.1.2.2　移动定位大数据的特征

移动定位大数据的最大特征是数据高频产生和记录，能连续记录个体移动轨迹，数据量大，例如一个城市的社交网站签到数据的样本量和记录量分别约为 10^3/ 天 ~ 10^4/ 天，公交刷卡数据为 10^6/ 天 ~ 10^7/ 天，浮动车 GPS 数据为 10^3/ 天 ~ 10^5/ 天，手机数据更是高达 10^7/ 天 ~ 10^8/ 天，不同城市可能会有所差别（丁亮 等，2015）。数据采集工作远远超出了传统人工调查方法的能力所及，需要借助后台计算机完成。虽然数据产生和存储不是以为研究者提供数据为目的，例如手机数据是运营商为了解基站负荷以便及时维护设备或增减基站而存储,但数据中包含"谁——什么时候——在什么地方"的信息正是研究者需要、但用传统数据采集方法难以得到的。通过数据分析处理就能得到基于"人流"的功能联系，弥补通过传统调查、统计方法获取的数据难以从功能联系视角开展研究的缺陷。

当然数据也存在以下问题。一是数据非全样本，可能会产生抽样偏差。例如社交网站签到数据属于用户主动行为产生的数据，由于社交网站在中老年人中普及率较低，且用户一般不会在居住地、工作地签到，相对来说抽样较偏，仅能代表特定人群的特定活动（有固定工作的网民，用签到表示自己上班到岗、下班到家的频率会低于娱乐、购物）。其他 3 类数据属于用户被动行为产生的数据，但仍然不能代表全部人群的活动规律。例如公交刷卡数据和浮动车 GPS 数据仅能代表使用公交卡或出租车出行用户的活动，手机数据仅能代表某一运营商用户的活动，且手机在儿童、老年人中普及率较低。因此，使用移动定位大数据并不适宜所有与人流活动有关的研究。从数据处理结果来看，手机数据可用基站代表真实居住地，现阶段识别结果和人口普查高度线性相关，识别结果基本可靠（Ahas，*et al*，2010；Becker，*et al*，2011）。而其他 3 类数据无法识别真实的居住地，识别结果是否准确尚无法检验。二是数据缺少个体社会经济属性信息制约研究深度。研究者只能对空间结构进行描述性研究（即规划实践中的现状分析），或者分析其他空间要素（道路、用地等）与空间结构的"相关关系"，难以从社会经济视角解释空间结构与个体年龄、职业、收入等方面的"因果关系"。解释性研究仍需依赖传统数据和方法。

综上所述，使用移动定位大数据进行研究需要注意以下两点。一是应甄别不同类型数据的适用条件，防止扩大到不适宜研究的问题。二是应认识到移动定位大数据和传统数据各有优缺点，应利用移动定位大数据反映基于"人流"的功能联系的特征，而不是取代传统数据。

1.1.3　选题依据

本书使用移动定位大数据研究上海中心城区空间结构，除数据本身能有助于反映空间结构的功能联系特征外，还有以下考虑。

（1）移动定位大数据反映的"人流"联系适合城市内部空间结构研究

相比于区域空间结构研究中使用的航空流、通信流、企业关联网络等数据，移动定位大数据反映的是"人流"活动。不同于区域尺度（受距离影响，人与人之间面对面联系不便，航空流、通信流、企业关联网络可能在城市之间的联系中发挥更重要的作用），在城市内部尺度，各种功能联系仍然主要通过"人流"实现，人的活动依然是形成城市空间问题（交通拥堵、高密度集聚、职住分离等）的首要因素。因此，移动定位大数据应能比其他数据更好地反映城市内部空间结构的功能联系特征。此外，若将移动定位大数据进行汇总、统计还能得到人流活动分布，表征人对物质空间的实际使用情况。

（2）上海中心城区空间结构具有一定的代表性，能够为研究其他城市提供借鉴

上海中心城区人口、产业等各种功能高度集聚，在《上海市中心城分区规划（2004）》（下文简称分区规划）"一主四副"、26个地区中心的多中心空间结构政策，以及近几年"疏解人口""退二进三"等政策引导下，空间结构已经发生了较大改变。近年来，随着城市化进程加快，人口向城市集聚，我国其他城市中心城区的人口、产业也呈现高度集聚的特征，为了调整、优化空间结构，提出了与上海相似的空间发展政策。上海中心城区近 10 年的发展是我国其他城市现在和未来一个阶段发展的标杆。对上海进行研究，能为其他城市提供借鉴。

1.2　研究范围和研究问题

本书以上海为例，研究范围为上海中心城区。我国城市存在两个空间范畴，一个是广义的城市，即市域，以行政辖区界定，其空间结构属于区域尺度的空间结构；另一个是狭义的城市，即中心城区，是市域发展的核心地区，一般在总体规划中确定，城市内部空间结构就是指中心城区的空间结构。按以往惯例，上海法定规划中将城市发展的核心地区称为"中心城"，是指外环以内 $664km^2$ 的范围。近几年来的城市扩张导致城市核心发展区实际已经超出中心城范围，若只对中心城进行研究可能并不能充分反映城市空间结构的特征。因此，有必要在中心城之外划定一个"中心城区"作为研究范围。这一范围是中心城自然扩张后的一部分，内部功能应与中心城有紧密的联系，而从全市域来说又相对独立（具体范围划定详见第 4 章）。

不同学科对城市空间结构有不同理解和关注点（唐子来，1997）。本书属于城乡规划学科领域的研究，关注城市的物质空间。根据相关研究（详见第 2 章），确定本书研究的空间结构分为与生产、生活密切相关的，由就业、居住和游憩活动形成的就业空

间结构和游憩空间结构两方面，在确定城市范围的基础上分别研究中心体系和功能区两个部分。理解本书的城市空间结构还需界定以下概念：

一是本书将空间结构分为"就业空间结构"和"游憩空间结构"。用词除参考相关研究成果外，另据《雅典宪章（1933年）》，居住（Dwelling）、游憩（Recreation）、工作（Work）与交通（Transportation）是城市的四大功能，城市规划的主要工作是"将各种预计作为居住、工作、游憩的不同地区，在位置和面积方面，作一个平衡的布置，同时建立一个联系三者的交通网"，"在建立城市中不同活动空间的关系时，城市规划工作者切不可忘记居住是城市的一个为首的要素"。可以这样理解，由于居住是城市最基本的功能，无论是工作（就业）还是游憩都不可避免要通过交通与居住产生联系。城市规划就是要致力于解决就业—居住、游憩—居住之间的功能联系不平衡问题。据此研究就业空间结构和游憩空间结构应能基本反映城市四大功能所体现的空间结构特征，以"就业""游憩"命名两种类型空间结构出自《雅典宪章（1933年）》，也符合城乡规划的用词习惯。

二是本书将就业空间结构的中心体系称为"就业中心体系"，而将游憩空间结构的中心体系称为"商业中心体系"。这是由于：①在城乡规划语境中没有"游憩中心"这一术语，城市中心往往指就业中心、商业中心、行政中心、文化中心等；②本书的游憩活动是指购物、餐饮、逛公园、看展览等非居住、非工作、非交通活动；③本研究依据实际人流密度识别中心，游憩活动人流高度集聚的地区往往是商业中心，仅有逛公园、看展览等活动无法达到中心识别要求。当前城市商业中心往往呈现综合发展，除零售、餐饮等传统业态外，还吸纳了电影院、游乐场、展览等业态，是一个提供综合生活服务的地区。故本书将商业中心作为游憩空间结构的中心，虽然两者用词不对应，但仍具有内在逻辑一致性。使用"商业中心"这一术语也符合城乡规划的用词习惯。

三是本书的"功能区"并非指传统意义上的由居住、商业、工业等功能区形成的功能分区，而是指依据功能联系划分的、具有紧密联系的分区。之所以仍使用"功能区"这一术语是考虑到当前对功能区的认识是建立在空间形式视角下的，即由不同功能主导的分区，但根据空间结构的概念框架（详见第2章），功能区也具有功能联系视角的特征，由功能联系形成的分区仍属于功能区的概念范畴。

本研究拟回答以下问题：

（1）城市范围：中心城的就业、游憩、居住活动影响范围；现状中心城区范围等。

（2）中心体系：城市中心的位置、范围、等级排序、服务范围；城市中心的影响和被影响因素；缺少中心的地区等。

（3）功能区：各空间单元就业—居住（游憩—居住）活动的空间联系距离；空间单

元之间的联系紧密程度；空间联系的影响和被影响因素等。

（4）空间结构模式：由中心体系和功能区构成的现状空间结构模式及其特征。

1.3 研究目的和意义

1.3.1 研究目的

使用移动定位大数据，基于功能联系研究城市空间结构的成果尚不多，相关理论、数据处理技术、空间分析技术都在探讨中。因此，本书希望能实现以下研究目的：

（1）以功能联系为视角，从中心体系和功能区两方面描述和解释上海中心城区空间结构的若干特征、归纳总结出现状空间结构模式，并解释其影响机制。

（2）以城乡规划实践中的问题为导向，构建描述和解释空间结构的研究内容和方法体系、发现上海中心城区现状空间结构存在的若干问题，为规划优化空间结构提供依据。

（3）探索处理海量移动定位大数据的基本思路和方法，包括功能联系数据的提取和检验两方面。

（4）提出基于"人流"的功能联系数据，针对研究问题作进一步数据分析和空间分析的方法，对传统空间结构的研究方法有所改进、完善。

1.3.2 研究意义

本书希望能在以下 4 个方面对城市空间结构研究的发展有所帮助：

（1）实现从功能联系视角研究城市空间结构的设想。借助移动定位大数据可反映"人流"活动的特征，从功能联系视角补充基于空间形式对空间结构的既有认识。验证Foley 等学者提出的空间结构也具有功能联系的特征。

（2）验证城市空间结构的理论模型。利用从海量移动定位大数据中提取的"真实"人流活动数据，探讨传统模型如中心地理论、引力模型等是否依然能被证实，若要付诸应用，模型中的参数如何确定。

（3）探讨移动定位大数据应用于城市空间结构研究的若干可能的方向。通过分析移动定位大数据的概念、优缺点，提出其适宜的研究方向，希望能有助于避免数据误用、滥用。

（4）构建使用移动定位大数据测度城市空间结构的技术体系。建立一套原始数据处理、检验及空间分析的技术方法，希望为在规划实践中使用移动定位大数据提供帮助，降低技术门槛。

2.1 城市空间结构的概念框架

"城市空间结构是一个跨学科的研究对象"（唐子来，1997），不同学科有不同理解和关注点。在城市空间研究领域，早已有学者尝试提出一个空间结构的概念框架。Foley（1964）认为"城市内部空间结构"（Internal Structure of City）包括形式（Form）和过程（Process）[①]，前者指静态的空间形式（Pattern），后者指动态的功能联系（Functional Relation），并认为时间也是认识空间结构的一个重要的维度。Webber（1964）在 Foley 的基础上，进一步将形式解释为物质空间的表现形式，包括土地、人口、就业岗位等，通过数量、集聚度、密度等指标测度；将过程解释为内在的功能联系，包括人流、物流、信息流等，通过范围、强度、吸引力等指标测度。Bourne 则将形式直接称为城市形态（Urban Form），将过程称为城市要素的相互作用关系（Urban Interaction），并提出两者的内在机制也应纳入空间结构研究（图 2-1），正是由于机制的存在才能将城市各子系

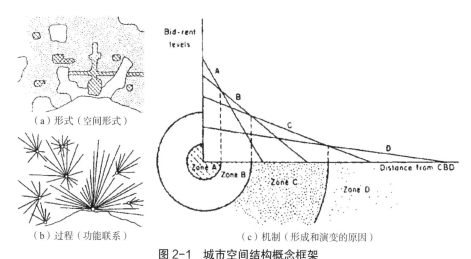

（a）形式（空间形式）

（b）过程（功能联系）

（c）机制（形成和演变的原因）

图 2-1 城市空间结构概念框架

资料来源：唐子来.西方城市空间结构研究的理论和方法 [J].城市规划汇刊，1997（6）：1-11.

---

① Foley 提出形式又可称为形态（Morphological），过程又可称为功能（Functional）。

统整合成为城市系统（唐子来，1997）。

我国学者顾朝林等（2000）对空间结构的概念界定也类似，认为"城市空间结构主要是从空间的角度来探讨城市形态和城市相互作用网络在理性的组织原理下的表达方式，在城市结构的基础上增加了空间维的描述"，强调"流态"（Flows）和"联系"（Linkage）与城市空间形式（Urban Patterning）相结合认识空间结构，并进一步明确"流态"包括人口流、物质流、技术流、信息流、资本流 5 种，具体分析了居住，生产、工作，服务、公共设施 3 类空间结构。朱喜钢（2002）认为城市空间结构是"城市物质要素在特定社会生产和生活水平以及自然资源多种背景下的城市功能组织方式及背后社会政治、经济、生态、文化等内在机制相互作用所决定的空间布局特征"，涉及城市形态（Urban Form）、城市结构（Urban Structure）和城市相互作用（Urban Interaction）3 个概念，包括城市内部空间结构和外部空间结构两个层次。

本书对空间结构的界定沿用 Foley 等学者的概念框架，即研究空间结构需要从空间形式和功能联系"描述"空间结构，并且"解释"其形成和演变的原因。本书研究的空间结构尺度为中心城区，属于城市内部空间结构。具体可分为在生产、工作空间中进行就业活动，由就业—居住功能联系形成的就业空间结构和在服务、公共设施空间中进行游憩活动（包括购物、餐饮、逛公园、看展览等），由游憩—居住功能联系形成的游憩空间结构。由于工作、游憩、居住是居民日常生产生活中的主要活动类型，对这两类空间结构进行研究基本能反映城市空间结构的主要特征。下文就据此概念框架回顾相关研究成果。

2.2　城市空间结构的传统研究

2.2.1　基于空间形式的城市空间结构研究

2.2.1.1　经典理论

（1）芝加哥学派 3 种空间结构模式

城市空间结构研究始于芝加哥学派的人类生态学研究，提出人类社会中的人口流动存在类似于生物竞争、新陈代谢的过程，导致了对有限空间资源的竞争，由此产生的空间分异形成了不同的土地利用结果（柴彦威 等，2012）。由 Burgess、Hoyt 以及 Harris 和 Ullman 归纳出了同心圆、扇形、多核心 3 种空间结构模式，解释租金、交通、阶层、种族等因素对城市空间分异的影响。

（2）Alonso 竞租曲线

Alonso 借鉴新古典经济学的区位理论，解释土地使用的空间分异现象。提出区位条件影响地租水平，城市土地使用的空间分异是不同经济活动为取得最大利润在区位空间上竞争组合的结果，并用数学演绎的方法推导出了农业、厂商、居民的竞租曲线（Alonso，1960），以及在竞租曲线影响下的单中心和多中心城市空间形态（Alonso，1964）。此后，又有 Mills、Muth、Evans 等学者不断改进 Alonso 模型（菲利普·麦卡恩，2001），并将不同经济活动的竞租曲线重叠，得到城市土地利用模式。

（3）中心地理论

中心地理论旨在揭示决定城市数量、规模以及分布的规律。基于古典经济学的区位理论和新古典经济学的经济人的假设，使用图形学的方法推导不同等级中心地（城市）在市场、交通、行政效益最大化原则下的空间分布模式，提出城市的空间分布应呈规则的六边形体系（Christaller，1933）。Berry 认为中心地理论分等级的空间结构和厂商均衡思想同样适用于城市内部商业中心布局（Berry, *et al*, 1958a; Berry, *et al*, 1958b），并认为商业（Business）中心体系也具有相似规律（Berry，1965）。

上述 3 个理论（下文简称经典理论）虽然分别属于社会学、经济学和地理学领域的研究，但他们用由城市中心到边缘不同功能的圈层、扇形分布，由功能集聚形成的不同等级城市中心来描述空间结构，分析空间结构与土地、交通等要素的关系，解释空间结构背后的社会、经济等影响机制，成为日后城乡规划学科研究空间结构的重要参考，形成了从功能区和中心体系两个部分研究空间结构的传统。

2.2.1.2 研究进展

（1）功能区研究

鉴于芝加哥学派 3 种空间结构模式各自对现代城市空间结构的解释力有限，有学者进一步总结城市中不同功能的空间分布特征，尝试提出更加符合现实的空间结构模式。如 Ericksen（1954）综合了轴线、扇形和同心圆模型提出综合模型（Combined Theories），描述工业城市由住宅区、商业区、工业区 3 种功能形成的空间结构模式。Taaffe（1963）基于交通、人口和工业发展对土地使用的影响提出理想城市模式。Yeates（1980）针对北美高速公路发展趋势，提出现代大城市空间结构呈土地使用的"多中心＋同心圆"模式和社会空间分异的扇形模式相结合的特征。

我国城乡规划学科的空间结构系统研究始于 1990 年代，关注土地和空间要素。研究通过分析工业区、商业区、办公区、居住区的分布和演变特征描述空间结构，总结空间结构演变规律，分析空间结构与人口和就业岗位分布的关系、与空间集中和分散的关系等（武进，1990；顾朝林 等，2000；朱喜钢，2002；刘贤腾 等，2008；宋代军 等，2015）。部分研究还归纳总结空间结构模式，如武进（1990）在分析我国数百个城市用地结构的基础上提出中国现代城市空间结构呈"同心圆＋扇形"模式；刘贤腾（2008）

通过分析南京大都市用地结构发现居住用地呈圈层结构、工业用地呈圈层和扇形结构、商业用地呈分等级的多中心结构。

（2）中心体系研究

早期研究主要关注商业中心。Berry（1963）基于中心地理论，通过对芝加哥商业区的调查归纳，提出了多层次商业中心、带状商业网点、专业化商业区 3 种商业布局。1970 年代，美国国家经济开发局（National Economic Development Office）认为中心地理论的设施分级配置思想是引导城市内部商业中心发展控制的最合适的组织原则，被用于制定新规划商业中心规模和分布的标准、评估原有商业中心效益（Davies，1976）。此后，Davies（1976）也借鉴中心地理论，利用美国和英国等城市商业中心的统计资料提出了城市内部商业中心等级体系。1990 年代后我国学者开始进行相关研究，基于主观判断识别商业中心，再基于 Berry 和 Davies 的方法判断等级（仵宗卿 等，2001；宁越敏 等，2005；柳英华，2006）。也有学者使用交通调查数据，以交通小区为空间单元，根据聚集消费者总人数识别商业中心、判断等级（王德 等，2001）。近年来随着互联网技术的发展，研究者可通过开源网站获取高精度、大样本商店定位数据，替代传统调查方法开展研究（王芳 等，2015）。

1990 年代后，随着日益普遍的城市多中心化趋势，建立在单中心假设基础上的空间结构模式对多中心空间结构描述和解释的局限性日益显现，受其影响最大的就是就业中心，出现了诸多讨论就业副中心的研究。Giuliano（1991）把就业中心定义为就业岗位规模或密度超出一定门槛值的地理单元，通过交通调查小区的就业岗位规模和密度识别就业中心。McMillen（2001）指出就业中心的本质在于它是否是经济活动中各种要素流，特别是信息流的节点，以及它是否对周边的就业、人口和土地住房价格有足够的主导能力，通过交通调查小区之间的相对就业岗位密度差异识别就业次中心。使用就业岗位密度识别就业中心、划分主次中心，无论在市域层面还是中心城区层面，都已经成为就业中心研究中公认、成熟的方法，研究也开始更加关注于交通、经济、政策等因素对空间结构形成和演变的影响（谷一桢 等，2009；蒋丽 等，2009；刘霄泉 等，2011；孙铁山 等，2012；孙斌栋 等，2013；孙斌栋 等，2014；魏旭红 等，2014；于涛方 等，2016）。

2.2.1.3　研究特征及问题

以经典理论为基础，城乡规划学科空间结构研究形成了使用调查、统计资料分析不同功能（主要是土地）的空间分布和比例关系，分析设施、人口等要素的集聚程度和空间分布特征的传统。但根据 Foley 等人提出的空间结构概念框架，上述研究只是描述和解释了空间结构的形式，并未涉及功能联系。这是由于在经典理论诞生的年代，研究资料较难获取，研究者只能获取统计资料或进行实地调查获取一手资料，这些资料都属于"物质空间"和"活动场所"，只是描述和解释了空间结构的"形式"，人流、物流、信息流等"人类活动"资料基本不可能获取。如芝加哥学派的 3 种空间结构模式只研究了居住的社会空间分异现象，未能进一步探讨不同居住空间如何与产业空间发生联系。Christaller 在进行中心地理论验证时由于缺少中心地实际服务范围资料，未能对六边形网络的范围进行验证。以此为基础开展的研究也难以对空间结构的"功能联系"有所突破。

另外，经典理论并未涉及城市范围的讨论，此后研究中往往使用行政边界（一般是中心城区）作为城市范围。但随着城市扩张，有学者认为行政边界限定的城市范围不一定准确。因为城市应该是建筑和设施高度密集、人类的活动有紧密联系的地域范围。行政边界不能准确反映城市的这两个特征（Webber，1964）。但限于联系数据较难获取，有关城市范围的讨论一般使用建成环境（人口、用地等）数据（周一星，1993；宋小冬 等，2006）。

虽然通过分析空间形式可能已经能基本描述空间结构现象，帮助我们理解空间结构的特征和机制，但缺少功能联系分析的空间结构认识是不完整的，若对其进行研究应该能有助于我们深化对空间结构的理解。

2.2.2 基于功能联系的城市空间结构研究

2.2.2.1 理论基础

（1）中心地理论对中心性的论述

功能联系的空间结构研究可追溯到 Christaller 的中心地理论（Meijers，2007；Burger，et al，2012）。中心地理论提出的分等级的空间结构已成为商业设施分级配置的理论基础，但对中心地等级的论述并未受到同等重视。其核心观点是城市等级与规模没有必要等同，只有城市发挥中心作用时才具有中心的资格。应用城市发挥中心职能的程度，而不是城市规模表征城市中心性（等级），可用重要性剩余测度中心性。重要性可理解为城市综合经济作用结果，表现为城市"繁荣""昌盛"程度，由中心商品和服务进行交换的全部情况决定，其中一部分服务城市本身，另一部分服务城市周围地区就是重要性剩余（Christaller，1933）。也就是说重要性剩余需要通过中心地为市场区提供商品和服务的水平来测度。鉴于重要性剩余难以量化，Christaller 采用电话线路数估算：以 40 人拥有一条电话线路作为标准值，用实际电话线路数与标准电话线路数之差"粗略"估计中心性。

中心地理论提出的空间结构其实是建立在城市之间商品和服务的功能联系基础之上的空间结构。但将中心地理论应用到规划实践中时，由于联系数据难以获取只能用规模数据代替，最终导致用规模判断等级成为当前城乡规划中的常规做法。

（2）功能多中心理论

1990 年代后，城市之间的航空流、通信流、企业关联网络等联系数据日益可得，基于功能相互作用（Functional Interaction）测度城市等级成为现实，上述数据逐渐成为区域空间结构研究的常规数据（周一星 等，2002；Hall P，*et al*，2006；罗震东，2010；甄峰 等，2012；冯长春 等，2014）。同时研究者也发现随着信息化和全球化进程深入，城市之间产生了更加复杂的功能联系，商品和服务不再完全由规模大的城市流向规模小的城市（Burger，*et al*，2012），也就是说已经不能用规模代替功能联系，基于规模和功能联系判断的空间结构开始产生显著差异。研究更加关注城市之间的功能联系，研究范式出现转变（Meijers，2007）。

在此背景下，大都市区多中心空间结构被重新界定（Hall P，*et al*，2006）。当前研究者一般分别用规模和功能联系测度形态多中心（Morphological polycentricity）和功能多中心（Functional polycentricity）（Green，2007；Burger，*et al*，2012）。Burger（2012）回顾了 Christaller 对中心性的论述，系统构建了功能多中心理论，提出开放城市系统中城市的重要性存在以下关系。

$$C_{ci} = N_c - C_{ce} - L_c$$

其中 C_{ci} 是内部中心性（Internal centrality），即为城市系统内其他城市提供服务的重要性剩余；N_c 是节点性（Nodality），即城市的绝对重要性；C_{ce} 是外部中心性（External centrality），即为城市系统外其他城市提供服务的重要性剩余；L_c 是城市服务于自身的内部重要性。节点性表征形态上的中心等级，内部中心性表征功能上的中心等级。形态多中心就是城市规模无显著差异，功能多中心就是城市之间的人流、物流、信息流等无显著流动差异（图 2-2）。

功能多中心理论提出的空间结构其实是建立在城市之间基于企业关联、通信、人流等功能联系基础之上的多中心空间结构，已形成用功能联系表征空间结构的新的研究范式。

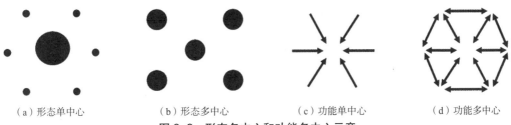

（a）形态单中心　　　　（b）形态多中心　　　　（c）功能单中心　　　　（d）功能多中心

图 2-2　形态多中心和功能多中心示意

资料来源：BURGER M，MEIJERS E. Form follows function? Linking morphological and functional polycentricism [J]. Urban Studies，2012，49（5）：1127-1149.

2.2.2.2 研究进展

区域空间结构研究范式的转变一定程度上也对城市内部空间结构研究产生了影响，已有学者认识到城市内部空间结构也可以从功能联系视角进行研究[①]（孙斌栋 等，2013）。但在城市尺度方面，由于传统上使用的数据主要是某一时间截面的调查、统计结果，功能联系数据比区域尺度更加难以获取，从功能联系视角研究空间结构尚未普及。只有少数学者通过问卷调查得到功能联系数据开展研究。

部分学者致力于研究城市中心体系。如王德（2001）使用上海第二次综合交通调查数据，在上海市区及近郊区范围内，通过统计交通小区集聚消费者人数识别商业中心、划分商业中心等级，结合消费者居住地所属交通小区分析商业中心的吸引方向和范围。Vasanen（2012）使用芬兰 250m × 250m 网格为空间单元的交通调查数据，在 3 个城市的中心建成区范围内，通过居住和就业的集聚程度识别主次中心，结合居住者来源地和就业者来源地，分析主次中心空间影响力变化，判断多中心发展水平。修春亮（2015）使用沈阳市百强企业数据，在沈阳中心城区范围内，通过构建企业关联网络，识别城市中心、划分等级，判断多中心水平。

但更多学者倾向于研究职住空间问题。如孟斌（2009）通过近万份问卷获取北京城八区居民居住现状和工作情况，分析居住地和工作地的职住分离现象，发现职住分离存在明显空间差异，城市功能分区和空间结构改变可能加剧职住分离；存在明显的就业和居住集聚中心，空间错位较明显；向心流是主要通勤方向，随城市扩张职住空间分离还将不断演化。胡娟（2013）通过近万份问卷获取武汉主城区范围内就业—居住通勤数据，测度各组团职住比、独立指数、外出通勤率和外来通勤率等指标，评价职住空间特征，提出优化职住空间结构的对策。孙斌栋（2013）通过 863 份问卷调查获取上海中心城 15 个就业中心通勤者的通勤信息，用平均通勤距离衡量的职住平衡水平，检验多中心空间结构的交通绩效，发现职住平衡水平与多中心无显著关系。

2.2.2.3 研究特征及问题

上述研究使用的数据主要是基于"人流"活动的通勤、出行数据，也有企业关联网络数据。使用企业关联网络数据始于区域空间结构研究，表征城市之间的联系，但这种联系无法具体为某种真实的联系量，在城市尺度上是否能代表空间结构特征有待商榷，至少尚未如"人流"联系那样获得普遍认同。

研究内容主要集中在由职住分离、通勤特征所反映的空间结构上。这可能与交通学科开展研究以职住联系为基础数据的传统有关；城乡规划研究使用职住联系数据往

[①] 孙斌栋认为"多中心的测度至少可以从形态和功能两个角度进行"，但由于缺少数据，研究仅从形态角度进行测度。

往容易将研究导向职住平衡问题[①]，反而对涉及城乡规划本体的空间结构关注不够。也可能与一般研究者很难获取交通调查数据，个体研究者或机构发放问卷的样本量有限，只能基于较大的空间单元（一般为行政区）或典型案例开展研究，研究无法进一步深入、无法开展整体性研究。因而使用传统数据从功能联系视角研究空间结构的成果较少，尚未如区域空间结构那样形成有别于空间形式视角的研究范式。

2.3　使用移动定位大数据的城市空间结构研究

2.3.1　研究进展

随着城市空间越发复杂，近年来有越来越多的研究者开始关注空间"相互作用关系"。Batty（2013）称之为网络（Networks），认为只有通过简化、抽象，透过表面的现象挖掘城市空间运行的本质规律才能真正了解城市空间的运作规律。大数据正是认识网络的途径之一。

早在 2005 年 Ahas（2005）就提出手机数据能检测人口总量和移动轨迹，预测和防止由人流集聚产生的问题，预见到了手机数据能在不久的将来获得广泛应用，从根本上改变公共管理。Ratti（2006）是最早用手机数据分析城市活动时空变化规律的学者，用热点图的方式可视化展现了人流活动分别在白天、晚上以及工作日、周末、重大活动日等不同时间段的变化。发现了城市活动虽然由无数个体的无序活动组成，但在整体层面依然有规律可循，有助于认识城市空间的规律和特征。这一研究对使用移动定位大数据分析城市空间产生了深远影响，开启了大范围、大样本、动态认识城市空间结构的研究领域。

在 Ratti 的基础上，有研究者继续深化研究，通过时间截面人流密度变化反映城市空间使用特征（Vieira，*et al*，2010；Sevtsuk，*et al*，2010；Krisp，2010；Manfredini，*et al*，2014；John，*et al*，2014），评估规划公共活动中心实施情况（钮心毅 等，2014），识别空间主导功能类型（Reades，*et al*，2007；Reades，*et al*，2009；Qi，*et al*，2011；Liu，*et al*，2012；Pei，*et al*，2014；陈映雪 等，2014；钮心毅 等，2014；王德 等，2015b；韩昊英 等，2016），依据识别得到的不同城市空间圈层内的主导功能判断城市是单中心还是多中心空间结构（Liu，*et al*，2012）。但这些研究只是用人流数据代替传统人口、用地、设施等数据，并未充分发挥移动定位大数据能反映空间结构基于"人流"的功能联系特征。

另外有研究者通过进一步数据处理获得功能联系数据，分析城市空间结构：

[①]　纯粹的职住平衡问题不是本书研究内容，故上文仅回顾与空间结构有关的职住平衡典型研究。

（1）城市范围

Becker 用手机话单数据，识别 Morristown 就业者居住地，得到了该城市的通勤范围，发现 Morristown 对人口密度相似的北部和南部就业吸引力不同。（Becker，*et al*，2011；Becker，*et al*，2013）。

（2）中心体系

王德（2015a）用手机信令数据，选取上海的五角场、大宁、鞍山路 3 个不同等级商业中心，识别消费者及其居住地，发现不同等级商业中心消费者的分布范围、空间集聚性、对称性方面都存在较大差异。Liu（2009）用地铁刷卡数据，分析深圳地铁站点流量，识别就业中心和商业中心，发现地铁存在较显著的钟摆交通特征，休息日的钟摆交通量大于工作日。Roth（2011）用地铁刷卡数据，通过对伦敦地铁站点流量的聚类分析，发现人流向多个中心集聚，证明伦敦是多中心结构的大城市。Zhong（2014）用公交车和地铁刷卡数据，分析站点流量，发现在新加坡随着公交和地铁系统完善，出行距离和客流量都在增长，增长的客流量主要集中在副中心所服务的新建社区，证明新加坡正在向多中心城市结构转变。

（3）功能区

龙瀛（2012）用公交车刷卡数据，识别代表持卡用户居住地和工作地的公交车站点，分析北京典型社区和办公区的通勤方向和范围，可视化展现全市基于公交车出行的通勤交通流向。王德（2015b）用手机信令数据，识别上海宝山区用户的居住地、工作地、消费休闲目的地，发现居民各类活动、出行行为的空间分布呈现南北不同的格局，具有近中心城、新城和近轨道交通轴线的发展特征。Liu（2013）用出租车 GPS 数据，按行政区划汇总上下车客流量，分析不同行政区之间的出行联系，发现深圳的罗湖、福田、南山 3 个重要的经济发展区联系最紧密。Liu（2013）用出租车 GPS 数据，以 1km 网格汇总上下车客流量，用社区发现法（Community Detection）将上海城市空间分为若干联系紧密的社区（Community），以此识别城市空间结构。

还有研究者更进一步开展理论验证，从移动定位大数据中获取真实的联系数据，分析行政边界对人与人之间的交流和活动的影响（Ratti，*et al*，2010），验证距离衰减规律、重力模型（Calabrese，*et al*，2011；Kang，*et al*，2013；Gao，*et al*，2013；周素红，2014），验证交通服务水平对出行距离的影响（Calabrese，*et al*，2013）。这些研究解决了传统城市空间模型由于缺少实证数据，长期难以验证的问题。

2.3.2　研究特征及问题

当前使用移动定位大数据的城市空间结构研究已取得以下进展：①识别城市中心

和功能区；②分析通勤、出行特征及规律；③分析城市中心的吸引和辐射范围。数据处理方法上也在时间截面人流密度统计；居住地、工作地识别；游客识别和游憩地识别等方面有所突破。上述研究成果为本书测度城市空间结构提供了方法和思路上的参考，也表明使用移动定位大数据测度城市空间结构具有可行性。

但从城乡规划学科角度来看上述研究还存在以下问题：

一是对从功能联系视角研究空间结构意义的认识还不够深入，研究多只是描述空间结构的功能联系特征，未能明确与空间形式视角研究的差异（Liu，*et al*，2009；Roth，*et al*，2011；Zhong，*et al*，2014）。移动定位大数据的最大特征是能反映不同于空间形式的空间结构功能联系特征，当前的研究成果对这一理论意义探讨有限。

二是研究虽对空间结构的中心体系、功能区都有所涉及，但多数研究只是涉及某一方面。

三是研究以规划实践问题为导向的较少，多以数据为导向，探讨移动定位大数据可能取得的研究效果（Vieira，*et al*，2010；Sevtsuk，*et al*，2010；Krisp，2010；Manfredini，*et al*，2014；John，*et al*，2014）。研究成果对规划实践指导意义有限，如依据当前的研究成果，尚无法回答规划实践最关心的空间结构具体有什么问题、如何优化等问题。

四是研究虽然成功识别了工作地、居住地、游憩地，但部分研究的识别方法交代不清或未对识别准确率做探讨（Liu，*et al*，2009；Liu，*et al*，2013），部分研究使用的移动定位大数据不具有整体代表性（龙瀛 等，2012），使得研究结果能否反映真实情况有待商榷。

五是由于移动定位大数据缺少个体社会经济属性信息，研究多只停留在对空间结构现象的描述和验证上，无法进行解释性研究。

上述 5 个问题也是本研究在使用移动定位大数据中需要避免和解决的。

2.4　本章小结

Foley 等学者提出城市空间结构的概念框架包括空间形式、功能联系、形成和演变机制。即研究空间结构需要分别从空间形式和功能联系描述空间结构，再解释其背后的社会、经济等影响机制。考虑到工作、游憩、居住是城市日常生产、生活的主要类型，对就业—居住功能联系形成的就业空间结构和游憩—居住功能联系形成的游憩空间结构进行研究能基本反映城市空间结构的主要特征。经典理论用不同功能的空间分布和集聚描述和解释空间结构，在其影响下，我国城乡规划学科形成了从功能区和中心体系两个部分研究空间结构的传统。

由于早期研究者缺少功能联系数据，经典理论仅描述和解释了空间结构的空间形式，建立在经典理论基础上的传统研究也未能从功能联系视角做进一步研究。即便如此，仍然有学者在不断尝试功能联系视角的研究，但数据获取难度较大，研究成果较少，未能像区域空间结构研究那样形成新的研究范式。

移动定位大数据的出现为基于"人流"的功能联系视角研究空间结构提供了新的观测手段和数据源。研究已在城市空间结构研究的诸多方面取得进展，但对空间结构的功能联系特征认识深度有限，研究缺少系统性，对规划实践帮助有限，数据适用性和处理方法有待探讨，解释性研究有待跟进。使用移动定位大数据研究城市空间结构尚有诸多问题待探讨。

根据相关研究成果回顾，从功能联系视角补充对就业空间结构和游憩空间结构的认识需要就业—居住功能联系数据和游憩—居住功能联系数据，因而移动定位大数据是较好的选择。鉴于移动定位大数据缺少社会经济属性信息，本书将同时使用传统数据和移动定位大数据。传统数据主要是 2010 年上海第六次人口普查（下文简称六普）和 2013 年上海第三次经济普查（下文简称三经普），统计的空间单元为街道、乡镇（下文统称街道）。移动定位大数据主要是上海联通手机信令数据[①]（2015 年 11 月连续 10 个工作日和 6 个休息日）、上海移动 2G 手机信令数据（2011 年 10 月连续 5 个工作日和 2 个休息日）、上海地铁刷卡数据（2015 年 4 月连续 30 天）。根据"第 2 章 相关研究成果回顾"，在当前使用移动定位大数据开展的研究中，数据处理尚存在诸多问题。本书使用的上海联通手机信令数据由上海联通公司提供，公交刷卡数据由上海市交通委员会提供（通过 2015 年 SODA 大赛获取），均是一手原始数据，通过编程进行处理，希望能得到可靠的结果。数据概况及处理过程详见下文。

3.1 手机信令数据

3.1.1 数据概况

手机信令是手机数据中的一种（其他还有话单数据、上网数据[②]等）。当用户操作

---

① 当前，将移动定位大数据应用于研究的最大问题是是否会泄露用户隐私。个体 GPS 数据是移动定位数据中的一种，通过向被调查者发放 GPS 设备采集其移动轨迹，结合个体社会经济属性进行研究早在 10 多年前就已经出现了。研究需得到被调查者同意，采集到的数据只能用于研究，数据不可公开是相关研究的基本准则。公交刷卡数据、浮动车 GPS 数据、手机数据等移动定位大数据其实与个体 GPS 数据有相似特征，不同的是样本量较大而成为"大数据"，并且个体是在不知情的情况下被采集移动轨迹。本书使用的手机信令数据、地铁刷卡数据无个体社会经济属性、用户编号经加密处理，无法将数据与真实个人相对应，研究不使用实时数据，而是由运营商提前将一个时间段内的数据存储下来。数据是课题组通过合法渠道获取，不会泄露用户隐私，可用于学术研究。
② 话单数据是指通话、收发短信时产生的数据，相当于手机信令数据中的通话、收发短信事件。上网数据是指手机连接互联网时，操作应用程序产生的数据。与手机信令数据相比，这两种数据都不能完整记录用户移动轨迹，而且会产生较多数据冗余。

手机进行开关机、通话、收发短信，或携带手机移动位置使手机连接的基站发生改变都会触发信令事件，即使手机未被操作或移动，只要保持开机，也会每隔一段时间（上海联通为 30min，上海移动为 120min）与基站进行连接，即周期性位置更新。信令事件一旦被触发，运营商后台计算机就会记录下此时手机连接基站的坐标、时间、信令事件类型，当然还包括加密后的用户编号。由此组成手机信令数据（表 3-1）。

手机信令数据样本　　　　　　　　　　　　　　　　　表 3-1

用户编号	基站精度	基站纬度	时间	事件类型
1	121.591×××	31.217×××	2015-11-15 15：14：24	1
1	121.591×××	31.217×××	2015-11-15 15：15：36	2
2	121.385×××	31.166×××	2015-11-15 06：13：59	2
2	121.385×××	31.166×××	2015-11-15 06：43：04	3
……	……	……	……	……

注：原始匿名用户编号和事件类型已用 1，2，3，……，n 的唯一编号代替；基站编号和经纬度末 3 位隐去，以"×"表示。

本书使用的上海联通手机信令数据采集时间为 2015 年 11 月连续 10 个工作日和 6 个休息日，共采集到约 1189 万用户的 60 亿条记录，涵盖了采集时间内在上海出现过的所有联通 2G、3G、4G 用户的记录。即表 3-1 有约 60 亿条这样的记录。此外，笔者还有 2011 年上海移动 2G 手机信令数据，采集时间为 2011 年 10 月连续 5 个工作日和 2 个休息日，共采集到约 2250 万用户的 54 亿条记录。由于本研究开展时间（2016 年）距 2011 年已过去 5 年，为反映现状上海中心城区空间结构特征，主要使用 2015 年上海联通手机信令数据，2011 年上海移动手机信令数据将用于验证 2015 年上海联通手机信令数据处理结果（若无特别说明是上海移动手机信令数据，下文中与手机信令数据相关的内容均指上海联通手机信令数据）。

除数据量大外，手机信令数据还有以下特征：

一是存在漂移现象。当手机同时处在几个基站信号覆盖范围内时，一旦连接的基站信号变弱，就会连接到附近其他基站，并且有可能会不断反复变更连接的基站。因此，在这种情况下即使用户未发生位移，信令记录里仍然存在变更基站的记录，这种现象被称为漂移。

二是定位精度较高。一般来说手机会连接到距离最近的基站，但当基站负荷过大或信号被建筑物遮挡时，手机会与附近其他基站连接。上海市域平均每 50hm² 就有 1 个位置不同的基站，即使手机未与最近的基站连接或信号发生漂移，误差也会在 800m 左右[①]。

---

① 市域平均每 50hm² 就有 1 个基站，每个基站覆盖半径约 400m，当手机处在某一基站所在位置而与邻近基站连接时误差最大，此时误差为 800m（400m × 2=800m）。

基站密集的中心城有 7350 个基站，虽然平均每 9hm^2 就有 1 个基站（折算成误差约为 170m），但由于基站信号负荷过高，信号被建筑物遮挡会更加频繁，误差有时也可达到 800m 左右。即便如此，中心城通过基站定位获取的数据精度远高于人口普查、经济普查和交通调查的空间单元（中心城涉及 116 个街道，平均每个街道面积约 830hm^2；中心城涉及 2738 个居委、村委，平均每个居委、村委面积约 23hm^2；中心城内有 265 个交通小区，平均每个交通小区面积约 250hm^2）。

与其他移动定位数据相比，手机信令数据还具有以下优势：

一是轨迹较连续。社交网站签到数据、公交刷卡数据、浮动车 GPS 数据在用户不签到或者不乘坐公共交通工具时就无法记录活动轨迹，多数城市公交车只有上车刷卡、下车不刷卡，用户轨迹不完整。另外两种手机数据，手机话单数据和上网数据在用户不通话或者不上网时也无法记录活动轨迹。手机信令数据则不同，只要用户携带手机且不关机，一旦触发信令事件就会记录下用户的位置，记录的轨迹比较完整，不受用户是否操作手机、乘坐何种交通工具的影响。

二是客观性较好。社交网站签到数据只有在用户主动签到时才会产生，即用户可以选择是否将某些行为记录下来。因此，数据采集结果存在一定主观性。手机信令数据是被动型数据，运营商后台采集数据不受用户主观意志影响，能客观反映用户活动轨迹。

三是抽样较随机。社交网站使用者多为年轻人，而且一般不会在居住地、工作地签到，签到数据不能反映多数人口的基本活动规律，也不能反映全部出行发生地、目的地。公交刷卡数据和浮动车 GPS 数据只能覆盖使用这两类交通工具的人口，且出租车不记录乘客数量，只记录空车还是载客。据《上海市第五次综合交通调查》，中心城工作日公交（轨道交通和地面公交）出行的用户只占 28.5%，出租车出行的用户只占 7%，即使这两类数据对人口的抽样是随机的，但反映的出行特征仍然存在偏差。人口普查数据分短表和长表，虽然短表覆盖 100% 居民，但是内容较简单，长表内容较详细，但是仅覆盖 10% 的居民。上海联通在上海的普及率约为 30%，除较少使用手机的儿童、小学生和高龄老人外，基本能覆盖其他各年龄段人口的各种活动。根据前人的研究，无论使用任何一家运营商的数据，居住地识别结果和人口普查的皮尔逊相关系数（下文简称相关系数）一般都在 0.8 以上（Ahas, *et al*, 2010; Becker, *et al*, 2011），可反映全市适龄劳动人口的居住活动规律。

与传统调查方法得到的调查、统计资料相比，手机信令数据则具有以下优势：

一是空间单元较小。使用经济普查或交通调查数据，通过局部加权回归和半参数回归方法识别中心是当前公认的方法。但公开数据的最小空间单元一般为街道或交通小区，不一定是中心的真实范围，可能导致实际范围小于统计单元或跨统计单元的中心无法识别。手机信令数据的空间单元远小于传统数据，识别的中心范围可以尽可能地接近真实范围，能识别使用传统数据无法识别的面积较小的中心。

二是抽样较随机。其实交通调查也有联系记录，可支持从功能联系视角研究空间结构（王德 等，2011），但交通调查主要采用入户调查方式，只是对居住地做随机抽样，不能保证出行目的地抽样也是随机的。手机信令数据是对全部手机使用人口的随机抽样，虽然人们在选择手机运营商时会受个人喜好、价格等因素影响，但在全市层面这种选择应该是比较随机的，而且上海联通 30% 的用户覆盖率远高于交通调查 0.75% 的抽样率，应能比较随机地覆盖适龄劳动人口，从而反映其活动规律。

三是较客观地记录用户活动。传统调查方法在搜集资料时，被调查者由于主观意愿、遗忘等原因未能将答案真实、客观地告知调查者，导致调查结果并不能完全反映真实情况。手机信令数据是被动型数据，能连续客观地记录用户轨迹，避免了被调查者自身的干预。

因此，若要反映全市适龄劳动人口的活动规律，相比于传统数据或其他移动定位数据，手机信令数据可能是现阶段最好的选择。同时适龄劳动人口也是就业空间结构和游憩空间结构研究涉及的主要人群，使用手机信令数据开展研究比较适宜。当然将手机信令数据用于城市空间结构研究还需要对数据做进一步处理，只有保证处理结果可靠，上述优势才成立，才能支持下一步研究。

3.1.2　现有数据处理方法

使用手机信令数据研究空间结构需要以就业—居住功能联系数据和游憩—居住功能联系数据为基础，首要工作就是从海量移动轨迹中判断哪些是用户长时间停留的地点，这些停留地有可能是用户稳定的居住地、工作地，以及就业、居住活动之外的游憩活动目的地（游憩地）（图 3-1）。

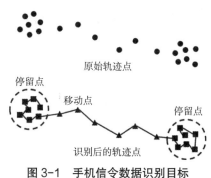

图 3-1　手机信令数据识别目标

　　居住地识别是讨论最早、也是讨论最多的方法。最简单的方法是用手机号码注册地代表居住地（Becker，*et al*，2013）。但手机信令数据中一般没有这个信息，需要根据居住活动的一般行为规律识别。识别方法有时间阈值法（将夜间停留时间超过一定阈值，且若干天都呈现这种规律的停留点识别为居住地）、信息熵法（将夜间处于稳定状态时间最长的地点识别为居住地）、相对停留时间法（将夜间相对停留时间最长的地点识别为居住地）3 种。有学者研究发现 3 种方法的识别率有显著差异，认为时间阈值法识别率受停留时间阈值和天数取值影响较大，不是"非常科学、严谨的方法"；相对停留时间法能识别全部用户的居住地，但是对作息时间不规律的用户识别结果不准确；信息熵法识别率一般能达到 90% 左右，是"非常理想的方法"（宋少飞 等，2015）。但该研究并未对识别准确率做检验。手机信令数据是一种大样本抽样，将其用于研究应更加关注抽样随机性问题，即识别结果能否反映全部研究对象的整体特征。当前使用手机数据识别居住地结果一般用人口普查数据做检验，如 Ahas 用时间阈值法虽然只识别出了 45% 的用户居住地，但和人口普查呈线性相关，通过 1% 显著性水平检验，相关系数达到了 0.86（Ahas，*et al*，2010）。

　　就业活动类型多样，有的就业者只上上午班，有的作三休一，有的会有若干个工作地，现有研究一般仅识别固定的、经常出现的工作地，识别方法和居住地识别方法相同。建立就业—居住功能联系一般使用能同时识别出工作地和居住地用户的数据。

　　游憩地识别比居住地和工作地识别难度更大，因为游憩活动一般无固定目的地，随机性比就业活动更大。如用户可能每天晚上在同一个地方休息，但不太可能每天某一时间段都去同一商场购物，且购物过程中可能在不断移动。现有识别游憩地的方法有两种，一是将典型时间截面用户连接的基站识别为游憩地（钮心毅 等，2014），但某一时间截面用户所在地可能是居住地或工作地，甚至途经地。二是事先确定识别范围，将在这一范围内出现频次较少的用户连接的基站识别为游憩地（王德 等，2015），但即使出现频次较少，仍无法排除偶尔途经的可能。游憩地范围如果是事先判定，人要先到现场观测，如果靠信令识别，存在先识别行为，还是先识别范围的矛盾。因此，事先确定范围较难进行整体性研究，仅适合个别典型。

　　综上所述，从手机信令数据中识别居住地、工作地的方法已较多，不同参数会得到不同结果，关键是如何能在保证一定识别率的基础上获得较高的识别准确率，至今仍无公认的最好方法。识别游憩地的方法还不成熟，尚无根据游憩行为规律识别游憩地的方法。

3.1.3 居住地、工作地识别

3.1.3.1 识别方法和结果

手机信令数据不含用户行为目的信息，需要根据一般行为规律识别居住地和工作地。本研究采用时间阈值法和信息熵法相结合的方法，通过判断特征时间点用户经常连接的基站是否相互邻近识别居住地和工作地（图3-2）。

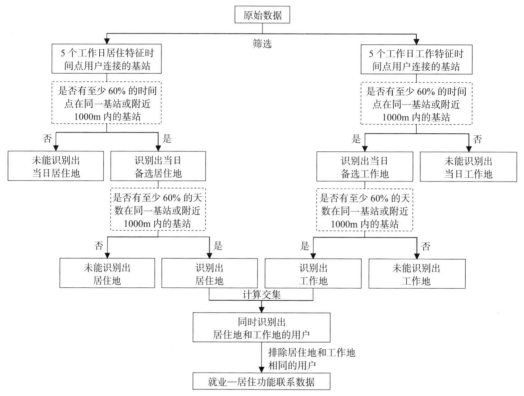

图 3-2 居住地、工作地识别流程

笔者从 524.5 万活跃用户（10 个工作日至少出现过 6 次的用户）中识别出了 323 万用户的居住地（识别率 62%）和 221 万用户的工作地（识别率 42%），其中 184 万用户能同时识别出居住地和工作地（识别率 35%）。识别结果中有 103.4 万用户的居住地和工作地基站相同，这部分用户可能是日夜都位于同一地点的退休老人、家庭主妇等，也有可能确实是日夜都位于同一基站覆盖范围内、通勤距离极短的就业者，但前者应该占绝大多数，将这部分结果排除可能更加合理。即便排除了居住地和工作地相同的用户仍然不能保证其余用户都为就业者，例如高校学生、医院照顾病人的家属等人群的活动规律和就业者相似，但这部分人应该占少数，对结果影响较小。最终使用居住地和工作地不同的 80.5 万（其中居住地或工作地在中心城的 50.3 万）用户的就业—居住功能联系数据（识别率 15.4%）（表 3-2）。以全市第二、三产业就业岗位 1224.6 万[①]估计，抽样率为 6.6%。因经济普查数据中符合本书就业活动界定的就业者数量、通勤距离不是极短的就业者数量无法估计，实际抽样率应高于这一数值。

2015 年上海联通手机信令数据识别的就业—居住功能联系数据　表 3-2

用户编号	代表居住地的 基站经度	代表居住地的 基站纬度	代表工作地的 基站经度	代表工作地的 基站纬度
1	121.442×××	31.357×××	121.451×××	31.426×××
2	121.374×××	31.228×××	121.371×××	31.235×××
3	121.095×××	30.967×××	121.083×××	30.957×××
……	……	……	……	……

注：原始匿名用户编号已用 1，2，3，……，n 的唯一编号代替；基站编号和经纬度末 3 位隐去，以"×"表示。

使用 2011 年上海移动手机信令数据，通过相同的方法（不同的是 10 个工作日取 6 次重复需要改为 5 个工作日取 3 次重复），从 1856.9 万活跃用户中识别出了 1239.2 万用户的居住地（识别率 67%）和 1296.5 万用户的工作地（识别率 70%），其中 1002.1 万用户能同时识别出居住地和工作地（识别率 54%）[②]。排除居住地和工作地相同的用户后得到 680 万（其中居住地或工作地在中心城的 326.2 万）用户的就业—居住功能联系数据（识别率 36.6%）。以全市第二、三产业就业岗位 1224.6 万估计，抽样率为 55.5%。

3.1.3.2　识别结果检验

（1）联通和移动手机信令数据识别率差异原因分析

使用 2015 年上海联通手机信令数据和 2011 年上海移动手机信令数据，用相同方法，相对活跃用户来说，识别率差异较大（表 3-3）。这是由于笔者获取的 2015 年上海联通手机信令数据和 2011 年上海移动手机信令数据都存在数据质量引起的问题。

2011 年上海移动手机信令数据缺失基站小区之间移动位置变更连接基站的信令，轨迹不连续，而且基站被随机偏移 800m 左右，定位精度损失较大，周期性位置更新达到 120min。移动位置变更连接基站的信令分为基站大区和基站小区两类，数据采集时间内上海移动共有 201 个基站大区和约 5.9 万个基站小区，缺失变更基站小区的信令会影响对话单记录较少的用户的移动轨迹判断。因此，通过计算前后两条信令时间

---

① 数据来源于《上海市第三次经济普查主要数据公报》。
② 移动和联通的网络制式不同，基站密度、数量、位置也不同，故两者的识别率不具有可比性。

差判断用户在每个基站上的停留时间不准确。这也是笔者使用特征时间点法识别居住地和工作地（该方法不涉及停留时间）的原因。

2015 年上海联通手机信令数据是在运营商平台上布置算法，将计算结果取回，整个过程除运营商提供的 5 条样本外未能接触到数据本身。数据处理完后发现缺失 1 个工作日的数据。

2015 年上海联通手机信令数据和 2011 年上海移动手机信令数据识别率比较　　表 3-3

识别结果	2015 年上海联通手机信令数据识别率	2011 年上海移动手机信令数据识别率
能识别居住地	61.6%	66.7%
能识别工作地	42.1%	69.8%
能同时识别居住地和工作地	35.1%	54.0%
能同时识别居住地和工作地且居住地和工作地不同	15.4%	36.6%

由表 3-3 可见，工作地识别率差异远大于居住地，这是由于 2015 年上海联通手机信令数据缺失 1 个工作日数据其实是将识别的重复率由 60% 提升到了 66.7%，识别率会有较大下降。另据附录 A 表 A1、表 A2 推算识别率，在距离阈值取 1000m 时，若重复率为 66.7%，能识别居住地的用户的识别率在 50% 左右，能识别工作地的用户的识别率在 35% 左右，表明本研究得到的 2015 年上海联通手机信令数据识别率应该属正常值。这一问题也影响了能同时识别居住地和工作地的用户识别率，从能同时识别居住地和工作地的用户占能识别工作地的用户比值来看，其实 2015 年上海联通手机信令数据的比例（0.83）还高于 2011 年上海移动手机信令数据（0.77）。

能同时识别居住地和工作地，且居住地和工作地不同的用户识别率差异也较大。这不仅是由于 2015 年上海联通手机信令数据缺失 1 个工作日数据造成的，还在于 2015 年上海联通手机信令数据能同时识别居住地和工作地的用户中，居住地和工作地相同的比例（0.56）远高于 2011 年上海移动手机信令数据（0.32）。这是由于 2011 年上海移动手机信令数据的基站被随机偏移，即使原本位置相同的若干个基站经偏移后位置也会各不同，故部分居住地、工作地位置相同，但代表居住地、工作地的基站编号不同的用户仍被判断为居住地、工作地不同，只有代表居住地、工作地的基站编号相同的用户才会被判断为居住地、工作地相同。另外，联通基站未被偏移，不存在上述问题，但联通基站的信号覆盖范围一般大于移动基站，部分居住地、工作地相互邻近的用户识别得到的居住地、工作地位置相同。因此，从能同时识别居住地和工作地的用户中，排除居住地和工作地相同的用户，2011 年上海移动手机信令数据排除过少，

2015 年上海联通手机信令数据排除过多。

综上所述，2015 年上海联通手机信令数据和 2011 年上海移动手机信令数据由于都存在各种问题，就笔者获取的数据而言，两者识别率不完全具有可比性。从手机信令数据中识别居住地和工作地结果准确与否，识别率只是一个方面，还要检验识别准确率。

（2）2015 年上海联通手机信令数据识别结果准确率

为检验上述识别结果是否能反映全市适龄劳动人口的就业—居住活动规律，笔者以全市 230 个街道为空间单元，在 ArcGIS10.4 中统计每个街道用手机信令数据识别到的就业者居住人数，使用 SPSS18.0 软件计算其与六普各街道就业者居住人数的相关系数，得到两者呈线性正相关（在 SPSS 软件中计算得到 Sig. 值为 0.0000），相关系数 0.87，表明当样本量有 230 个时通过 1% 显著性水平检验[①]，属强相关。再统计每个街道用手机信令数据识别到的就业者工作人数，计算其与三经普各街道就业岗位数的相关系数，得到两者呈线性正相关，通过 1% 显著性水平检验，相关系数 0.78（下文进行相关分析时若能通过 1% 显著性水平检验将不再赘述）（图 3-3）。

根据前人的研究，居住地识别结果和人口普查的相关系数一般在 0.8 以上，本书的居住地识别结果相关系数远高于 0.8。而且六普是 2010 年的数据，与手机信令数据相隔 5 年，就业者居住地分布可能已经发生了变化[②]；符合本书界定的就业者在各街道居住的比例与符合六普界定的就业者在各街道居住的比例不一定一致；识别结果中无法排除和就业者活动规律相似的高校学生、医院照顾病人的家属等人群。任何一种抽样都不能保证完全随机，手机信令数据的抽样也会存在偏差。考虑到上述因素，居住地的识别结果虽然和六普有偏差，但仍然应该能基本真实反映就业者居住活动分布特征。

前人并未对工作地识别结果做检验，本书的工作地识别结果相关系数为 0.78，低于居住地识别结果的相关系数。上文所述的 3 个原因仍然存在，即三经普是 2013 年的数据，与采集数据相隔 2 年，就业者工作地分布可能已经发生了变化[③]；符合本书界定的就业者在各街道工作的比例与符合三经普界定的就业者在各街道工作的比例不一定一致[④]；识别结果中无法排除和就业者活动规律相似的人群，手机信令数据的抽样存

[①] 显著性水平是公认的小概率事件的概率值，必须在每一次统计检验之前确定，通常取 1% 或 5%。Sig. 值为 0.0000 表明其实只有不到万分之一的可能性没有通过显著性水平检验，即显著性水平远小于 1%。考虑到常用 1%、5% 来检验显著性水平，本书采用 1% 显著性水平的习惯性表述。

[②] 手机信令数据识别结果偏高的街道主要是浦东川沙、曹路、唐镇等地区，这些地区随着迪士尼兴建是近年来发展较快的地区。

[③] 手机信令数据识别结果偏高的街道主要是浦东张江、杨浦新江湾城、宝山大场、闵行七宝等地区，这些地区是近年来发展比较快的地区。

[④] 手机信令数据识别得到的就业者还包括符合本书就业活动界定的非正规就业者，纳入经济普查统计口径的就业者只有正规就业者，而当前城市中非正规就业者已占就业者总人数的近一半（张延吉 等，2016），其空间分布不一定与正规就业者一致。因此，手机信令数据识别得到的就业者和三经普所指就业者不完全一致，空间分布自然也会存在差异。

在偏差。但更主要的原因在于三经普是按企业注册地并非实际营业地进行统计。某些企业可能早期确实是在某街道注册并营业，但后来完全或部分搬离，或者在其他街道新开设分支机构，某些企业可能因某些街道提供政策优惠而注册在那，但实际营业地却在其他街道，导致这些作为注册地的街道就业岗位统计有可能偏高，而其他作为实际营业地的街道就业岗位统计有可能偏低。典型的如陆家嘴街道，很多注册企业其实已不完全在陆家嘴街道办公或已在其他街道开设分支机构，特别是大型金融企业如银行、保险公司、券商等有很多分支机构，按注册地统计就业岗位时陆家嘴街道远高于手机信令数据识别结果，出现偏差属正常现象。考虑到上述原因，就业地的识别结果虽然和三经普有偏差，但两者仍然属于强相关，应该能基本真实反映就业者就业活动分布特征。

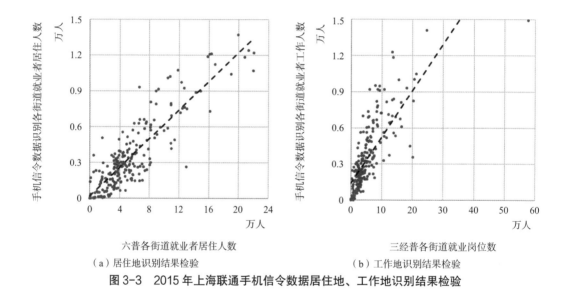

（a）居住地识别结果检验   （b）工作地识别结果检验

图3-3　2015年上海联通手机信令数据居住地、工作地识别结果检验

最后在 ArcGIS 中以 800m[①] 为搜索半径做核密度分析，分别将每个基站连接的居住和就业人数分摊到 200m×200m 的栅格中，每个栅格的属性值就分别代表该栅格的居住和就业密度。图 3-4、图 3-5 所显示的就业者居住密度高值区主要位于中心城内的

---

① 　确定核密度分析的搜索半径时，考虑了以下两个方面。首先，根据 Becker 的研究，将基站连接的就业人数转换为就业密度需要考虑每个基站的覆盖范围，选取 Morristown 一个基站的覆盖范围，约 2.6km²（半径 910m）折算就业密度较合理（Becker, et al, 2011）。基站覆盖范围受信号塔高度、信号发射强度、地形和建筑物遮挡等因素影响，每个城市会有不同，同一城市内不同地区可能也会存在较大差异。上海的基站覆盖半径约 500～1000m（部分基站覆盖范围重叠），部分地区基站间距小于 500m。若搜索半径小于 500m，核密度分析结果会出现较多密度未覆盖地区，与现实情况不符。其次，核密度分析采用二次函数在搜索半径内以核曲线上的纵轴（核表面）值分配密度，每个栅格的密度为叠加在栅格上的所有点的核表面值之和，增大搜索半径虽然会使栅格叠加更多点的核表面值，但计算每个核表面值时会除以更大的面积，因此半径变化不会使计算结果发生很大变化，更大的半径会得到更加概化的输出栅格，适合更大的分析尺度。

浦西地区以及浦东黄浦江沿岸;就业密度高值区主要位于浦西的南京东路、南京西路、漕河泾经济技术开发区等地,浦东的陆家嘴—张杨路一带,符合常理。

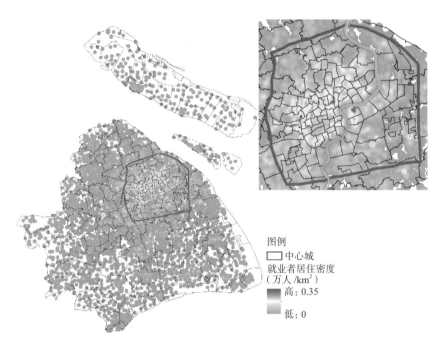

图 3-4 2015 年上海联通手机信令数据识别就业者居住密度

注:居住密度按等间距拉伸显示,仅代表识别出的用户值。

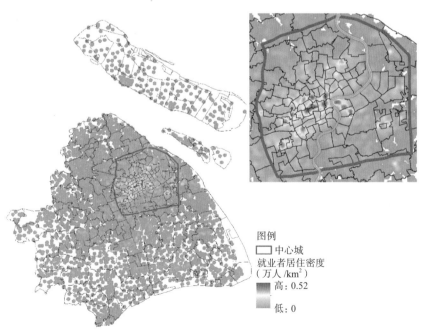

图 3-5 2015 年上海联通手机信令数据识别就业者就业密度

注:就业密度按等间距拉伸显示,仅代表识别出的用户值。

再看具体分布，以陆家嘴和不夜城两个传统就业中心为例。由图3-6可见，陆家嘴就业密度最高的地区位于陆家嘴中心绿地附近，是陆家嘴的金融中心，就业岗位高度集聚，这一地区的居住密度呈低值。陆家嘴外围以西居住密度最高的地区是崂山新村，与现实相符。由图3-7可见，不夜城就业密度最高的地区位于上海火车站以南，上海火车站虽然人流量较大，但并未呈高值，说明识别结果未受人流量影响，只将有固定工作地的用户识别为就业者，识别较准确。不夜城以就业功能为主，居住密度较低，不夜城外围以北居住密度较高，是普铁新村、灵广花园等成熟的住区，与现实相符。

因此，无论从整体还是典型地区居住、就业密度分布特征来看，使用2015年上海联通手机信令数据识别得到的就业—居住功能联系数据基本符合全市居民的就业—居住活动规律，可以支持下一步研究。

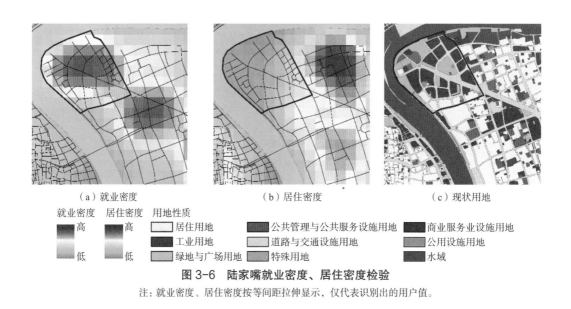

（a）就业密度　　　　　　　　（b）居住密度　　　　　　　　（c）现状用地

就业密度　居住密度　用地性质
高　高　　□居住用地　　　■公共管理与公共服务设施用地　　■商业服务业设施用地
　　　　　■工业用地　　　□道路与交通设施用地　　　　　　□公用设施用地
低　低　　■绿地与广场用地　■特殊用地　　　　　　　　　　　■水域

图3-6　陆家嘴就业密度、居住密度检验

注：就业密度、居住密度按等间距拉伸显示，仅代表识别出的用户值。

（3）2011年上海移动手机信令数据识别结果准确率

使用2011年上海移动手机信令数据识别的就业者居住地和工作地按街道汇总后与六普各街道就业者居住人数、三经普各街道就业岗位数的相关系数分别为0.86和0.67（图3-8）。与上海联通手机信令数据的识别结果相比，居住地识别结果相关系数略有下降，工作地识别结果相关系数下降更多。这可能是因为上海移动手机信令数据缺失基站小区之间移动变更连接基站的信令、基站被随机偏移，使识别结果受到影响。特别是就业活动，因日间产生的轨迹点比夜间多，信令缺失对识别结果影响更大。但无论是居住地还是工作地，识别结果与六普各街道居住人数和三经普各街道就业岗位数仍属于强相关。

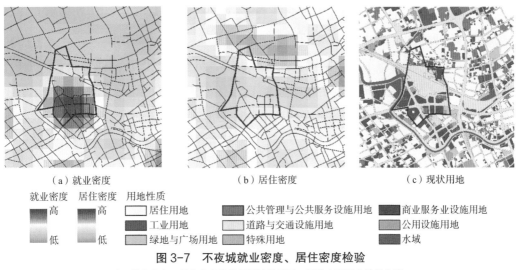

（a）就业密度　　　　　　　（b）居住密度　　　　　　　（c）现状用地

就业密度　　居住密度　　用地性质
高　　　　　高　　　□居住用地　　　　　　■公共管理与公共服务设施用地　　　■商业服务业设施用地
　　　　　　　　　　　■工业用地　　　　　　□道路与交通设施用地　　　　　　■公用设施用地
低　　　　　低　　　■绿地与广场用地　　　■特殊用地　　　　　　　　　　　　■水域

图 3-7　不夜城就业密度、居住密度检验
注：就业密度、居住密度按等间距拉伸显示，仅代表识别出的用户值。

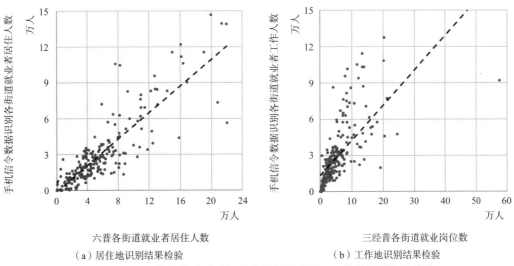

（a）居住地识别结果检验　　　　　　　　　　（b）工作地识别结果检验
图 3-8　2011 年上海移动手机信令数据居住地、工作地识别结果检验

（4）2011 年上海移动手机信令数据识别结果和 2015 年上海联通手机信令数据识别结果比较

将 2011 年上海移动手机信令数据识别的就业者居住地和工作地按街道汇总后分别与 2015 年上海联通手机信令数据识别结果进行比较，两者相关系数分别为 0.79 和 0.76（图 3-9），说明使用不同运营商的数据，不同年份识别的居住地和工作地空间分布特征没有发生大的变化。居住地识别结果差异显著的地区（图 3-10）主要是浦东的三林、花木、外高桥、唐镇、川沙等地以及浦西的新江湾地区，2015 年识别结果在这些地区的占比明显高于 2011 年（标准残差大于 1.96[①]）；松江工业园 2015 年识别结果在这一地区的占比明显低于 2011 年（标准残差小于 -1.96）。工作地识别结果差异显著的地区（图 3-11）主要是浦东的陆家嘴、张江、唐镇、川沙等地以及浦西的新江湾地区，2015 年识别结果在这些地区的占比明显高于 2011 年（标准残差大于 1.96）；松江工业园、安亭工业园 2015 年识别结果在这两个地区的占比明显低于 2011 年（标准残差小于 -1.96）。

考虑到浦东的川沙、外高桥、唐镇和浦西的新江湾地区是近年来发展较快的地区，无论是就业还是居住功能都有显著提升，2015 年识别结果分布比例高于 2011 年，与现实相符。松江工业园、安亭工业园等郊区的工业区随着近年来制造业增速放缓，就业和居住功能发展落后于其他地区，2015 年识别结果分布比例低于 2011 年，也与现实相符。

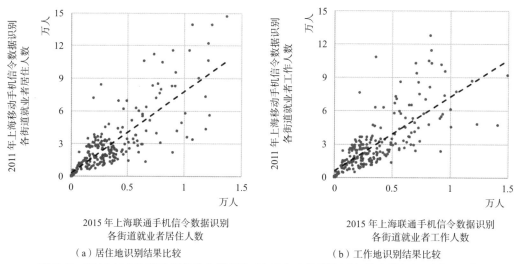

（a）居住地识别结果比较

（b）工作地识别结果比较

图 3-9　2011 年上海移动手机信令数据和 2015 年上海联通手机信令数据识别结果比较

3.1.4　游憩地识别

3.1.4.1　识别方法和结果

根据相关研究成果回顾对游憩活动的界定：在公共设施、空间中进行的购物、餐饮、逛公园、看展览等活动。可知游憩活动比就业活动类型更多，且一般情况下游憩活动过程中居民可能在不断移动，而且一天的游憩活动可能会有两个及以上目的地。居民不仅在休息日进行游憩活动，工作日上下班途中、下班后、中午也会进行游憩活动。

---

① 某一街道标准差大于 1.96，说明拟合直线可在 1% 显著性水平将该街道判为异常点，即该街道 2015 年识别结果占比明显高于以 2011 年识别结果分布为标准的值；标准残差小于 -1.96 说明该街道 2015 年识别结果占比明显低于以 2011 年识别结果分布为标准的值。

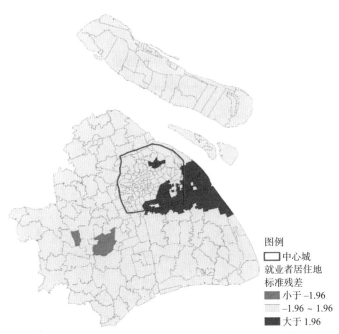

图 3-10 2015 年上海联通手机信令数据居住地识别结果相对 2011 年上海移动手机信令数据居住地
识别结果变化

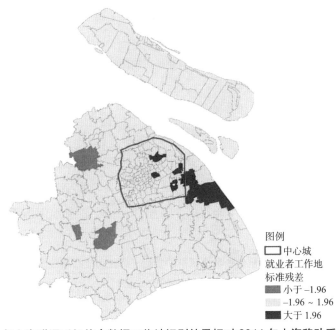

图 3-11 2015 年上海联通手机信令数据工作地识别结果相对 2011 年上海移动手机信令数据工作地
识别结果变化

当前尚无根据游憩行为规律识别游憩地的方法，现有方法参考价值有限。本研究通过判断用户是否在小范围内活动识别游憩地，保留游憩活动时连接过的基站及每个基站上的停留开始时间、停留时间等信息。

为简化研究，本书仅研究休息日的主要游憩活动，将游憩活动界定为休息日、常规游憩时间（朝九晚九）、在非本人居住地、非本人工作地的某一小范围内连续停留时间超过 30min。据此选取休息日 9 点到 21 点之间的数据识别游憩地（图 3-12）。

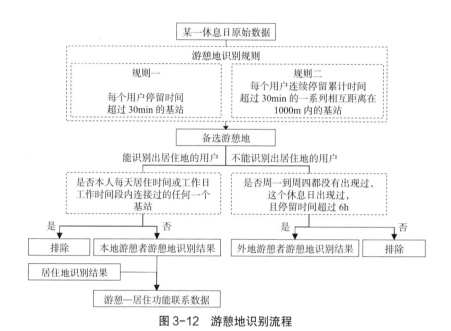

图 3-12　游憩地识别流程

识别结果包括本地游憩者和外地游憩者的游憩活动数据。鉴于每个休息日每个用户的游憩活动可能都不同，识别结果按天汇总（表 3-4）。最终识别到 6 个休息日 229.7 万人、588.1 万人次（平均每个休息日 98 万人，占能识别到居住地用户的 30.3%）的本地游憩者的游憩—居住功能联系数据；80.5 万人、110 万人次的外地游憩者游憩地。识别结果保留了游憩活动过程中可能有多个游憩地、每个游憩地停留不同时间的特征。

2015 年上海联通手机信令数据识别的游憩—居住功能联系数据　　表 3-4

用户编号	日期	代表游憩地的基站经度	代表游憩地的基站纬度	代表居住地的基站经度	代表居住地的基站纬度	停留开始时间	停留时间（min）	备注
1	day1	121.511×××	31.386×××	121.491×××	31.305×××	9：27：02	116	本地游憩者
1	day1	121.554×××	31.324×××	121.491×××	31.305×××	17：34：59	62	本地游憩者
1	day1	121.493×××	31.291×××	121.491×××	31.305×××	18：37：07	60	本地游憩者
1	day2	121.454×××	31.340×××	121.491×××	31.305×××	13：09：18	123	本地游憩者

续表

用户编号	日期	代表游憩地的基站经度	代表游憩地的基站纬度	代表居住地的基站经度	代表居住地的基站纬度	停留开始时间	停留时间（min）	备注
1	day2	121.481×××	31.314×××	121.491×××	31.305×××	15：57：05	154	本地游憩者
1	day2	121.493×××	31.291×××	121.491×××	31.305×××	18：31：27	105	本地游憩者
……	……	……	……	……	……	……	……	……
12564	day5	121.443×××	31.007×××	—	—	12：53：12	32	外地游憩者
12564	day5	121.446×××	31.012×××	—	—	13：25：43	2	外地游憩者
12564	day5	121.445×××	31.024×××	—	—	13：28：22	98	外地游憩者
12564	day5	121.449×××	31.257×××	—	—	15：19：38	340	外地游憩者

注：原始匿名用户编号已用 1，2，3，……，n 的唯一编号代替；基站编号和经纬度末 3 位隐去，以"×"表示。外地游憩者没有居住地，代表居住地的基站经纬度无数值。

由于游憩地识别需要计算每个基站停留时间，2011 年上海移动手机信令数据缺失基站小区之间移动变更连接基站的信令、基站被随机偏移，基站停留时间不准确，无法计算游憩地。

3.1.4.2　识别结果检验

为检验上述识别结果是否能反映全市适龄劳动人口的游憩—居住活动规律，笔者以全市 230 个街道为空间单元，在 ArcGIS 中统计能识别到游憩地的 229.7 万用户在每个街道的居住人数，使用 SPSS 软件计算其与六普各街道常住人口数的相关系数，得到两者呈线性正相关，相关系数 0.91（图 3-13）。表明能识别到游憩地的 229.7 万用户能基本真实反映全市居民的居住活动分布特征。外地游憩者由于无居住地不做检验。

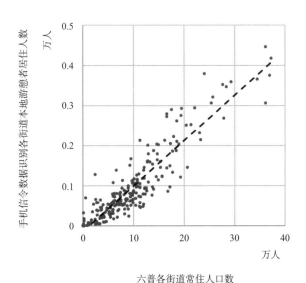

六普各街道常住人口数

图 3-13　2015 年上海联通手机信令数据能识别到游憩地的用户居住地识别结果检验

游憩地识别结果无统计资料支持检验，也无前人做过相关检验。考虑到识别结果按天汇总，可检验每个休息日的游憩活动分布情况是否一致。由于每个用户的游憩活动连接的基站数量可能不同，如果作为游憩地的基站都按相同权重计算游憩活动量，则游憩活动过程中连接基站多的用户对结果影响大。为避免这一问题，每个用户无论连接过多少个基站，其每个休息日的游憩活动量都是 1，并且停留时间越长的基站应赋予更高的权重。例如某个休息日，某一用户在游憩活动中连接过 3 个基站，A 基站连接 10min，B 基站连接 20min，C 基站连接 30min，则这一用户在 A 基站的游憩活动量是 1/6，在 B 基站的游憩活动量是 2/6，在 C 基站的游憩活动量是 3/6。所有用户都如此计算，最后汇总每个基站的游憩活动总量，即为某个休息日，某一基站的游憩活动量。计算公式如下：

$$P_j = \frac{T_{1j}}{\sum_{i=1}^{n_1} T_{1i}} + \frac{T_{2j}}{\sum_{i=1}^{n_2} T_{2i}} + \cdots + \frac{T_{xj}}{\sum_{i=1}^{n_x} T_{xi}}, \ x = 1, \ 2, \ 3, \ \cdots, \ k \qquad (3-1)$$

式中　P_j——某个休息日，j 基站的游憩活动量；

T_{xi}——x 号用户在第 i 号游憩活动点停留时间；

T_{xj}——x 号用户在第 j 号基站停留时间；

n_x——x 号用户的游憩活动停留基站数量；

x——用户编号；

k——用户总数

在 ArcGIS 中以 800m 为搜索半径做核密度分析，将每个基站的游憩活动量数据分摊到 200m×200m 的栅格中，共得到 6 天的游憩活动强度分布（单位面积游憩活动量，是一种考虑了游憩活动停留时间和人次的人流密度）。以栅格为空间单元，在 SPSS 中计算休息日两两之间的游憩活动强度相关系数。由表 3-5 和表 3-6 可知，无论是本地游憩者还是外地游憩者，每个休息日的游憩活动强度分布高度一致。表明虽然每个个体在每个休息日的游憩活动可能是不规律，但是从整体层面来看全市居民的游憩活动依然是有规律的。

每个休息日游憩活动分布相关性检验（本地游憩者）　　　　表 3-5

	day1	day2	day3	day4	day5	day6
day1	1	0.995**	0.996**	0.991**	0.993**	0.990**
day2	0.995**	1	0.995**	0.995**	0.993**	0.994**
day3	0.996**	0.995**	1	0.996**	0.997**	0.994**
day4	0.991**	0.995**	0.996**	1	0.995**	0.996**
day5	0.993**	0.993**	0.997**	0.995**	1	0.996**
day6	0.990**	0.994**	0.994**	0.996**	0.996**	1

**. 在 0.01 水平（双侧）上显著相关

每个休息日游憩活动分布相关性检验（外地游憩者） 表3-6

	day1	day2	day3	day4	day5	day6
day1	1	0.959**	0.983**	0.954**	0.971**	0.954**
day2	0.959**	1	0.958**	0.983**	0.950**	0.951**
day3	0.983**	0.958**	1	0.963**	0.975**	0.952**
day4	0.954**	0.983**	0.963**	1	0.946**	0.945**
day5	0.971**	0.950**	0.975**	0.946**	1	0.991**
day6	0.954**	0.951**	0.952**	0.945**	0.991**	1

**. 在 0.01 水平（双侧）上显著相关

　　最后，将上述 6 个休息日的游憩活动强度加和，得到本地游憩者和外地游憩者的游憩活动强度。图 3-14、图 3-15 显示的是本地游憩者居住密度高值区主要位于中心城内的浦西地区以及浦东黄浦江沿岸；本地游憩者游憩活动强度高值区主要位于浦西的人民广场周边、五角场、徐家汇、中山公园等地，浦东没有游憩活动强度为高值的地区，游憩活动强度最高的八佰伴也仅呈中值，符合常理。图 3-16 显示的是外地游憩者游憩活动强度高值区都集聚在南京东路，而在本地游憩者游憩活动强度为高值的五角场、徐家汇、中山公园等地却仅呈中值，这与现实中外地游客主要前往南京东路活动的特点相符。

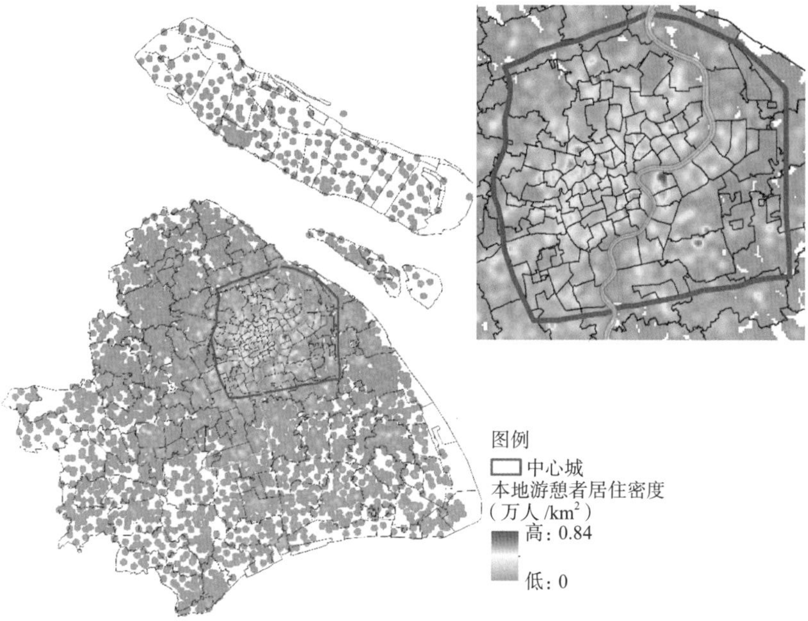

图例
□ 中心城
本地游憩者居住密度
（万人 /km²）
■ 高：0.84
低：0

图 3-14　2015 年上海联通手机信令数据识别的本地游憩者居住密度
注：居住密度按等间距拉伸显示，仅代表识别出的用户值。

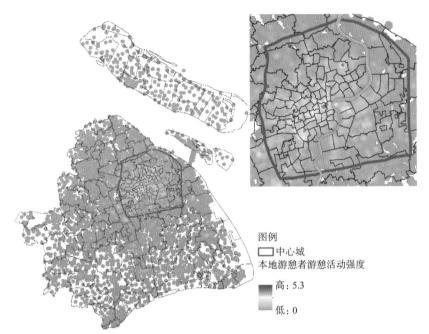

图 3-15　2015 年上海联通手机信令数据识别的本地游憩者游憩活动强度

注：游憩活动强度按等间距拉伸显示，仅代表识别出的用户值。

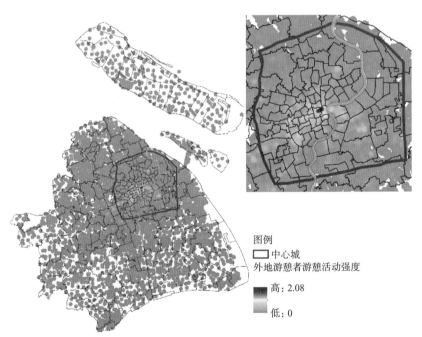

图 3-16　2015 年上海联通手机信令数据识别的外地游憩者游憩活动强度

注：游憩活动强度按等间距拉伸显示，仅代表识别出的用户值。

再看具体分布，以五角场和徐家汇两个典型商业中心为例。由图 3-17 可见，五角场本地游憩者游憩活动强度最高的地区位于五角场万达、巴黎春天，这一地区居住密度呈低值。五角场外围成片的住区居住密度高于五角场，与现实相符。由图 3-18 可见，徐家汇本地游憩者游憩活动强度最高的地区位于港汇恒隆广场、太平洋百货，这一地区的居住密度呈低值。徐家汇外围成片的住区居住密度高于徐家汇，与现实相符。

　　因此，无论从整体还是典型地区居住密度、游憩活动强度分布特征来看，使用 2015 年上海联通手机信令数据识别得到的本地游憩者游憩—居住功能联系数据基本符合全市居民游憩—居住活动规律，外地游憩者游憩地识别结果也基本符合外地游憩者的游憩活动规律，可支持下一步研究。

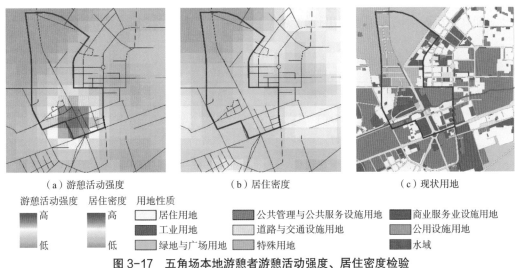

（a）游憩活动强度　　　　　（b）居住密度　　　　　（c）现状用地

游憩活动强度　居住密度　用地性质
高　　　　　高　　　　□ 居住用地　　　　■ 公共管理与公共服务设施用地　　　■ 商业服务业设施用地
　　　　　　　　　　　■ 工业用地　　　　□ 道路与交通设施用地　　　　　　　■ 公用设施用地
低　　　　　低　　　　■ 绿地与广场用地　■ 特殊用地　　　　　　　　　　　　■ 水域

图 3-17　五角场本地游憩者游憩活动强度、居住密度检验

注：游憩活动强度、居住密度按等间距拉伸显示，仅代表识别出的用户值。

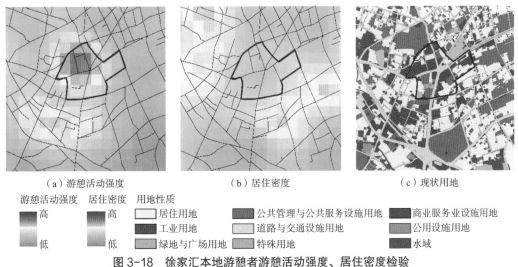

（a）游憩活动强度　　　　　（b）居住密度　　　　　（c）现状用地

游憩活动强度　居住密度　用地性质
高　　　　　高　　　　□ 居住用地　　　　■ 公共管理与公共服务设施用地　　　■ 商业服务业设施用地
　　　　　　　　　　　■ 工业用地　　　　□ 道路与交通设施用地　　　　　　　■ 公用设施用地
低　　　　　低　　　　■ 绿地与广场用地　■ 特殊用地　　　　　　　　　　　　■ 水域

图 3-18　徐家汇本地游憩者游憩活动强度、居住密度检验

注：游憩活动强度、居住密度按等间距拉伸显示，仅代表识别出的用户值。

3.2 地铁刷卡数据

3.2.1 数据概况

地铁刷卡数据是公交刷卡数据中的一种。当持卡用户进出地铁站时，用户编号、时间、站名、刷卡金额、是否优惠会被记录下来，刷卡金额是 0 元且非优惠的记录表示进站，其余记录是出站（表 3-7）。据《上海市第五次综合交通调查》，2014 年地铁出行约占出行比的 11%，其中中心城工作日地铁出行占比约为 15%。虽然不如手机信令数据能反映全市适龄劳动人口的就业、游憩、居住活动特征，但是地铁刷卡数据是持公交卡的地铁乘客的全样本数据（不含使用临时卡的用户数据），抽样偏差可忽略不计，能真实反映居民使用地铁出行的规律。

地铁刷卡数据样本　　　　　　　　　　　　　　　　　　　　表 3-7

用户编号	日期	时间	站名	刷卡金额	是否优惠
1	20150406	06：46：53	塘桥	0	非优惠
1	20150406	07：23：59	中潭路	3	优惠
2	20150417	08：42：12	中山北路	0	非优惠
2	20150417	09：00：10	上海火车站	3	优惠
……	……	……	……	……	……

注：原始匿名用户编号和事件类型已用 1、2、3、……、n 的唯一编号代替。

本书使用的上海地铁刷卡数据采集时间为 2015 年 4 月连续 30 天，其中工作日 21 天，休息日 9 天，共采集到 1063 万用户的 2.5 亿条记录。地铁刷卡数据比手机信令数据简单，只有用户的进出站信息[①]；而且站点只是代表可能的居住地、工作地和游憩地，用户出站后可能还要换乘其他公共交通工具或步行到达目的地，不能准确反映真实的居住地、工作地和游憩地。本书仅将其作为辅助数据反映工作日就业通勤和休息日游憩出行的特征。根据这一目标处理数据。

与手机信令数据相同，从地铁刷卡数据中得到就业—居住功能联系数据和游憩—居住功能联系数据的首要工作就是识别用户的居住地、工作地和游憩地。由于过去一般研究者很难获取地铁刷卡数据，使用地铁刷卡数据识别居住地、工作地和游憩地的研究文献较少，一般根据进站和出站规律识别居住地和工作地（许志榕，2016），当然

---

① 在处理数据时需要注意，使用公共交通卡的用户在上海火车站 1 号线与 3 号线换乘、上海火车站 1 号线与 4 号线换乘、陕西南路 1 号线与 10 号线换乘、虹桥 2 号航站楼 2 号线与 10 号线换乘时，只要出站后 30min 内完成换乘，第二次进站刷卡金额为优惠，计价 0 元，到达目的地后按起讫站点计票价总和。

参数取值对结果会有较大影响。游憩地识别尚无方法讨论。

3.2.2　居住地、工作地识别

本研究根据经常使用地铁上班的就业者工作日的进站、出站规律识别居住地和工作地。一般来说，这类就业者每天早上一般是从家到工作地，每天第一个进站站点就是居住地附近的站点，每天第一个出站站点就是工作地附近的站点[①]。据此选取工作日5 点到 10 点之间的记录，在 21 个工作日中，若某一用户每天第一个进站站点至少有13 个及以上相同（60% 重复率，和手机信令数据参数取值相同），则该站点就代表居住地；若某一用户每天第一个出站点至少有 13 个及以上相同，则该站点就代表工作地。

最终从 157.2 万活跃用户（21 个工作日至少出现过 13 次）中识别出了 120 万用户的居住地和 93.2 万用户的工作地，其中 88.1 万用户能同时识别出居住地和工作地，识别率为 56%（表 3-8）。

2015 年上海地铁刷卡数据识别的就业—居住功能联系数据　　　　　表 3-8

用户编号	代表居住地的站点	代表工作地的站点
1	鹤沙航城	四川北路
2	黄兴路	七宝
3	联航路	岚皋路
……	……	……

注：原始匿名用户编号已用 1，2，3，……，n 的唯一编号代替。

3.2.3　游憩地识别

根据手机信令数据界定的游憩活动，使用地铁刷卡数据识别游憩地的规则为：在能同时识别到居住地和工作地的用户记录中选取休息日 9 点到 21 点之间，非本人居住地、非本人工作地的出站站点[②]。因游憩活动比居住和就业活动复杂，地铁刷卡数据只有进出站信息，难以判断用户出站是否参与游憩活动。与用手机信令数据识别的游憩地相似，识别结果中无法排除不是以游憩活动为目的的出行，例如坐火车、坐飞机、就医、访客等。

最终识别到 9 个休息日 58.7 万人、141.9 万人次的就业者游憩活动地（平均每个休息日 15.8 万人，占能同时识别工作地和居住用户的 17.9%）（表 3-9）。

[①]　不依据晚上的进出站规律识别居住地和工作地是考虑到晚上可支配时间较多，用户下班后可能还会有其他活动，不在工作地站点附近进站、不在居住地站点附近出站的可能性较高。而早上可支配时间较少，一般第一个进站站点就是居住地附近的站点、第一个出站站点就是工作地附近的站点。

[②]　因为无法判断不能同时识别到居住地和工作地的用户的居住地或工作地，游憩地识别只针对就业者。

2015 年上海地铁刷卡数据识别的游憩—居住功能联系数据　　表 3-9

ID	日期	出站时间	代表游憩地的站点	代表居住地的站点
1	20150411	18：33：21	人民广场	锦江乐园
1	20150419	16：04：53	海伦路	锦江乐园
1	20150426	15：01：56	昌平路	锦江乐园
1	20150426	15：55：39	黄陂南路	锦江乐园
2	20150419	15：26：14	七宝	九亭
3	20150404	14：13：10	中山北路	共富新村
……	……	……	……	……

注：原始匿名用户编号已用 1，2，3，……，n 的唯一编号代替。

由于地铁站点在各街道分布不均、服务水平不同，各街道居民的出行喜好也不同，用六普、三经普数据对上述识别结果做检验意义不大，暂时还没有合适的检验方法。

3.3　本章小结

使用上海联通 2015 年 11 月连续 10 个工作日和 6 个休息日采集到的 1189 万用户的 60 亿条信令记录，通过判断工作日夜间、日间特征时间点用户经常连接的基站是否相互邻近，分别识别居住地和工作地；通过判断休息日、常规游憩时间、在非本人居住地、非本人工作地的某一小范围内连续停留时间超过 30min 识别游憩地。从 524.5 万活跃用户中识别出了 323 万用户的居住地（识别率 62%）和 221 万用户的工作地（识别率 42%），其中 184 万用户能同时识别出居住地和工作地（识别率 35%），排除居住地和工作地相同的用户后得到 80.5 万用户（识别率 15.4%）的就业—居住功能联系数据；从 6 个休息日中总计识别出了 229.7 万人、588.1 万人次的本地游憩者的游憩—居住功能联系数据，80.5 万人、110 万人次的外地游憩者游憩地。使用上海移动 2011 年 10 月连续 5 个工作日和 2 个休息日采集到的 2250 万用户的 54 亿条记录，使用同样的方法，从 1856.9 万活跃用户中识别出了 1239.2 万用户的居住地（识别率 67%）和 1296.5 万用户的工作地（识别率 70%），其中 1002.1 万用户能同时识别出居住地和工作地（识别率 54%），排除居住地和工作地相同的用户后得到 680 万用户（识别率 36.6%）的就业—居住功能联系数据。由于 2011 年上海移动手机信令数据缺失基站小区之间移动位置变更连接基站的信令、基站被随机偏移 800m 左右，无法识别游憩地。

2015 年上海联通手机信令数据缺失 1 个工作日，实际识别重复率被提高到了 66.7%，故识别率下降较大；2011 年上海移动手机信令数据的基站被随机偏移，居住地和工作地相同的用户排除过少，2015 年上海联通手机信令数据的基站信号覆盖范围较大，居住地和工作地相同的用户排除过多，两个年份、不同运营商的手机信令数据的居住地、工作地识别率不完全具有可比性，也无法仅以识别率来判断识别结果准确性。笔者还检验了识别结果的准确率。以街道为空间单元，手机信令数据识别到的就业者居住人数与六普就业者居住人数的相关系数达到 0.87；手机信令数据识别到的工作人数与三经普就业岗位数的相关系数达到 0.78；手机信令数据能识别到游憩活动的用户居住地与六普常住人口数的相关系数达到 0.91，且每个休息日的游憩活动强度分布高度一致。识别结果和官方统计结果达到线性强相关，且由于数据采集存在时间间隔；就业活动界定存在差异；识别结果中无法排除和就业、游憩活动相似的其他类型活动；数据采集有一定偏差，数据误差可以被接受。2011 年上海移动手机信令数据由于缺失基站小区之间移动变更连接基站的信令、基站被随机偏移，居住地识别结果略有下降，与六普相关系数为 0.86，工作地识别结果下降较多，与三经普相关系数仅为 0.67，但仍属于强相关，游憩地无法识别。笔者还选取了陆家嘴、不夜城两个传统就业中心检验 2015 年上海联通手机信令数据识别得到的就业密度、居住密度具体分布，选取了五角场、徐家汇两个典型商业中心检验游憩活动强度、居住密度具体分布，发现其与现状建成环境一致。表明识别结果能基本反映全市居民真实的就业—居住活动规律和游憩—居住活动规律，可支持下一步研究。

使用上海 2015 年 4 月连续 30 天采集到 1063 万用户的 2.5 亿条地铁刷卡数据，通过判断经常使用地铁上班的就业者工作日首次进站、出站的重复率识别居住地和工作地；通过判断休息日、常规游憩时间、在非本人居住地、非本人工作地出站站点识别游憩地。从 157.2 万活跃用户中识别出了 88.1 万用户的就业—居住功能联系数据；从 9 个休息日中总计识别出了 58.7 万人、141.9 万人次的就业者游憩—居住功能联系数据。由于是全样本数据，可用以表征全市就业者使用地铁的就业通勤和游憩出行特征。

下文将以本章识别得到的就业—居住功能联系数据和游憩—居住功能联系数据为基础开展研究。考虑到本研究开展的时间（2016 年）距 2011 年已过去 5 年，2011 年上海移动手机信令数据无法识别游憩地，为反映现状上海中心城区空间结构特征，下文将用 2015 年上海联通手机信令数据识别结果作为主要分析数据，分析结果再用 2011 年上海移动手机信令数据和 2015 年上海地铁刷卡数据进行验证。希望通过多种渠道数据源、不同年份数据源的分析比较，使分析结果尽量准确、可靠。

第4章
中心城区范围识别[①]

4.1 关于上海中心城的讨论

在空间结构研究之前需要首先确定研究范围。上海存在两个公认的范围——市域和中心城（前者属于广义的城市范畴，后者属于狭义的城市范畴）。其中，中心城的空间结构属于城市内部空间结构，与本书的研究范围在空间尺度上一致。中心城是由1999 年版的《上海市城市总体规划》确定的，是指外环以内的地区，面积约 664km²，是上海城镇体系的主体，并以绿环控制城市建设用地向外蔓延。当时实际城市建成区较小，外环两侧基本为农田，城乡景观分明，将外环作为中心城边界，按当时的管理需要有其合理性，城市建设管理内外有别。但经过 18 年的发展，中心城建设已经突破外环，在外环周边形成了约 1560km² 的连绵建成区[②]（图 4-1）。单从城市建设用地连绵程度来看已经很难将中心城与外环以外的郊区区分开来。若继续将外环作为中心城边界对城市建设管理已经失去了实际意义。

近年来，在规划研究和实践中开始有学者针对中心城的研究范围扩大，依据建设用地，把中心城周边城市建设用地比例超过 50% 的街道纳入研究范围（唐子来 等，2015）；依据城市发展政策，把宝山、闵行两区作为中心城拓展区[③]；依据与中心城的通勤联系，提出在中心城和郊区之间应增加一个"通勤区"（宁越敏，2006；李健 等，2007）。表明"中心城不是一个相对独立的空间范围"的论断已经得到学界共识。《上海市城市总体规划（2017 ~ 2035）》提出了"主城区"的概念，将其作为市域城镇体系的主体，包括中心城及中心城周边的宝山、闵行、虹桥、川沙 4 个主城片区。

[①] 本章中有关中心城就业—居住活动影响范围的识别方法，由著者以《利用手机数据识别上海中心城的通勤区》为题发表于《城市规划》2015 年第 9 期。
[②] 数据来自《上海市城市总体规划（1999-2020）实施评估研究报告专题之十二——中心城发展研究（征求意见稿）》。
[③] 据《上海市国民经济和社会发展第十二个五年规划纲要》。

　　因此，本书若简单地将中心城作为研究范围可能并不合适；若使用规划的主城区作为研究范围只能代表规划的空间范围，而非现状。本书的研究范围应与中心城属同一个空间尺度，是中心城向外蔓延后的一部分，受中心城影响，与中心城有紧密的联系；从全市域来说，又应是一个相对独立的空间范围，与郊区新城共同构成市域城镇体系，是当前市域城镇体系的主体。为有别于已达成共识的"中心城"的概念，以及《上海市城市总体规划（2017～2035）》中"主城区"的概念，本书将这一空间范围称为"中心城区"，相当于现状"主城区"。本章就是基于此背景，识别中心城区范围，将其作为本书的研究范围。中心城区范围识别属于城市范围讨论，也是空间结构研究的一部分。

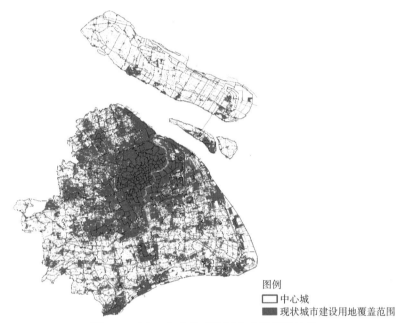

图 4-1　2014 年上海现状城市建设用地连绵

4.2　中心城区范围识别方法

4.2.1　中心城区范围识别方法的依据

　　作为城市空间结构研究的一部分，中心城区范围识别也有空间形式和功能联系两个视角。使用这两个视角识别中心城区与 Webber（1964）提出的狭义的城市概念——城市应该是建筑和设施高度密集、人类的活动有紧密联系的地域范围，所涉及的城市的两个特征一致。

　　中心城区属于狭义的城市范畴，界定城市范围最原始和基础的方法是依据建成环境和人口门槛值（Parr，2007）。周一星（1993）根据建成区数量、非农人口规模、建制情况等将建成区分为城市型建成区、城镇型建成区、城镇型居民区 3 种类型。宋小冬（2006）使用遥感影像识别建成区，再依据建成区内居住人口占比，将建成区分为城市型建成区和城镇型建成区。上述城市型建成区就是城市范围。当前上海外环周边城市建设用地已经连绵成片，从城市建设用地比例上来看，呈向北部的宝山区和西南部的闵行区延伸的特征，依据传统方法已经很难将城市与郊区明确区分开来（图 4-2）。从常住人口密度（根据 ArcGIS 提供的自然间断点分级法（Natural Breaks），将密度值分为 7 个等级显示，以获得组间差异最大，组内差异最小的效果）来看，呈中心地区高度集聚，随后快速衰减直到外环周边衰减又趋缓和的特征（图 4-3）；从就业密度来看，中心地区集聚特征更加显著（图 4-4），说明人口和建设用地空间分布差异较大，仅依据静态的居住人口和就业岗位分布难以准确反映人对空间的实际使用情况。

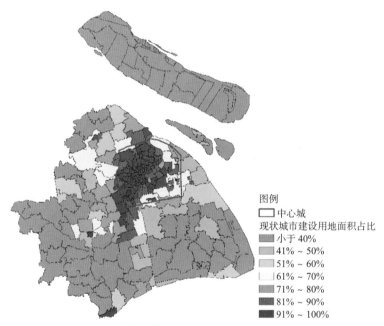

图例
☐ 中心城
现状城市建设用地面积占比
■ 小于 40%
■ 41%～50%
☐ 51%～60%
☐ 61%～70%
■ 71%～80%
■ 81%～90%
■ 91%～100%

图 4-2　2014 年上海各街道现状城市建设用地面积占比

另一种方法是依据核心城市（相当于上海外环内的中心城）影响范围。其理论依据是 Webber（1964）提出的，城市应该是一个人与人之间相互联系的空间，在这个空间中，人们共享相同的市场和服务。与核心城市的通勤联系已被西方国家用于确定功能性城市地区（Functional Urban Region）的主要依据，即将与核心城市通勤超过10% 的地区确定为功能性城市地区（又称大都市区）。但是 Parr 认为这一方法划定的范围非常大，直径可达 150km，超出了狭义的城市范畴。故又提出了劳动力需求影响范围的方法。即以等值线表征核心城市不同比例劳动力需求下的空间影响范围，如果

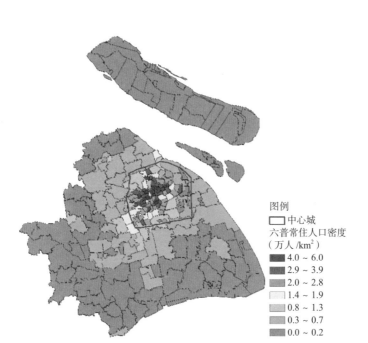

图 4-3　六普常住人口密度

注：常住人口密度按自然间断点分级法分为 7 个等级显示。

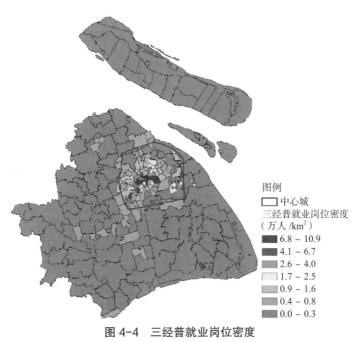

图 4-4　三经普就业岗位密度

注：就业岗位密度按自然间断点分级法分为 7 个等级显示。

以 95% 的劳动力需求为标准，城市空间范围就是能为核心城市提供 95% 劳动力的地区（Parr，2007）。这一方法以核心城市的直接影响范围为依据，即使周边地区与核心城市的通勤联系超过自身的 10%，只要其为核心城市提供的劳动力的边际效益不高就不会被纳入功能性城市地区，因此范围不会过大。

在区域尺度上，依据核心城市的通勤影响范围确定大都市区范围已得到公认，即识别大都市区范围更加注重核心城市与其他地区的功能联系。在城市尺度上也应如此，可依据核心城市的劳动力需求影响范围确定城市范围。但是劳动力需求影响范围法需要个体通勤数据，数据要求较高，尚无学者做过验证。此外，该方法基于核心城市的就业者就业活动影响范围比居住活动影响范围更大的假设，若核心城市就业者的居住活动影响范围更大，或者就业活动影响范围不能将居住活动影响范围包含在内，则还需要将居住活动影响范围考虑进来。

4.2.2　本书识别中心城区范围的方法和原则

手机信令数据得到的就业—居住功能联系数据满足劳动力需求影响范围法对数据的要求。下文就使用这一方法识别上海中心城区范围。

以外环内的中心城为基础，找出在中心城工作的居民和在中心城居住的居民，分别分析其居住来源和就业去向，具体可用密度值表示上述地区与中心城联系的紧密程度，密度值越高联系越紧密。最后依据两个原则找出"中心城就业—居住活动影响范围"：一是该范围内居民极少到外部就业，该范围外居民也极少到内部就业；二是这个范围要尽可能小，不能超出狭义的城市范畴。为便于行政管理，最终需要将"中心城就业—居住活动影响范围"落到街道空间单元上，得到"中心城区"（图4-5）。

"中心城"范围是公认的、静态的，就是外环内的地区，面积为664km²。"中心城区"范围是以"中心城"为基础，根据中心城居民的就业—居住活动影响范围与中心城联系的紧密程度识别得到的，不同时期会有不同结果（详见下文2015年识别结果和

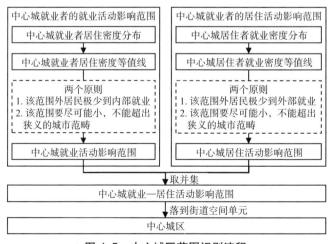

图4-5　中心城区范围识别流程

2011 年识别结果比较），但是识别原则、方法相对稳定。

下文将论述具体识别过程。除"中心城"和"中心城区"外，还有以下名词的概念需要明确。

中心城就业者的就业活动影响范围：由在中心城工作的就业者的某条居住密度等值线围合的范围，在这一范围内极少有就业者来自于外部。

中心城就业者的居住活动影响范围：由在中心城居住的就业者的某条就业密度等值线围合的范围，在这一范围内极少有就业者去外部工作。

中心城影响区：由位于中心城区内、中心城外的街道组成的空间范围，是受中心城就业—居住活动影响的范围。

4.3　中心城就业—居住活动影响范围

使用 2015 年上海联通手机信令数据识别到的 80.5 万就业者中有 48.1 万（用手机信令数据识别到的用户数，不代表真实的人数。下文若无特别说明，人数均不代表真实值）在中心城工作，占就业者总数的 59.8%；43.4 万人在中心城居住，占就业者总数的 53.8%。其中有 6.9 万人在中心城外居住每天前往中心城工作，占在中心城工作的就业者的 14.3%；有 2.1 万人在中心城外工作每天回到中心城居住，占在中心城居住的就业者的 4.9%。

该数据表明中心城的就业—居住活动大部分仍然在中心城内，外环对就业—居住活动的空间范围仍然存在一定的限制作用。但不可否认的是，中心城的就业—居住活动影响范围确实已经超出了外环，用外环限定中心城的实际意义不明显，每天因就业—居住活动进出中心城的就业者占就业者总数的 11.1%。若以全市 1224.6 万第二、三产业就业人数推算，每天有约 136 万人的通勤要跨越外环，虽然比例并不高，但从绝对数量来看足以对连接中心城和郊区的道路、地铁造成巨大压力。其次中心城对就业的吸引力远高于对居住的吸引力，来中心城就业的人约是去郊区就业的人的 3.2 倍。近年来的郊区新城、新市镇建设虽然在一定程度上缓解了中心城的居住压力，但就业岗位向郊区新城、新市镇的疏解力度小于居住人口，导致部分居住在郊区新城、新市镇的居民仍然需要到中心城工作。

4.3.1　中心城就业者的就业活动影响范围

从就业—居住功能联系数据中筛选在中心城就业的 48.1 万用户的记录，按代表居住地的基站汇总每个基站连接的人数，以 800m 为搜索半径做核密度分析，得到在中心城工作的就业者的居住密度（下文简称中心城就业者居住密度）。由图 4-6 可见，这些就业者主要居住在浦西，中心城内外密度差异较明显，以外环为界密度迅速下降。中心城外居住密度虽然不高但基本覆盖了各郊区区县，即使在崇明岛上也有分布，表明中心城的就业吸引力遍及全市。

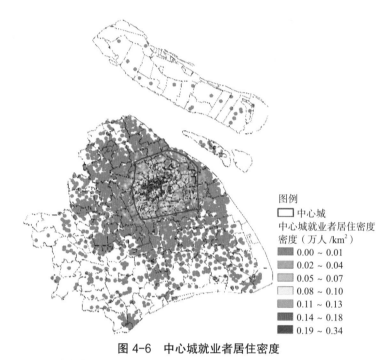

图例

☐ 中心城

中心城就业者居住密度

密度（万人 /km²）

▨ 0.00 ~ 0.01

▨ 0.02 ~ 0.04

▨ 0.05 ~ 0.07

▨ 0.08 ~ 0.10

▨ 0.11 ~ 0.13

▨ 0.14 ~ 0.18

▨ 0.19 ~ 0.34

图 4-6　中心城就业者居住密度

注：居住密度按自然间断点分级法分为 7 个等级显示，仅代表识别出的用户值。

为明确中心城就业者的就业活动影响范围，以 0.001 万人 /km² 的等值距生成中心城就业者居住密度等值线。每一条等值线围合的范围表示在中心城工作的就业者居住密度高于这条等值线值的那部分人群的分布范围。汇总每条等值线范围内的就业者居住人数，除以在中心城工作的就业者总人数，每条等值线围合的范围表示为中心城提供不同比例就业者所需的空间范围。由图 4-7 可见，随着等值线外推（值变小），即范围扩大，中心城就业者比例呈直线增长，等值线围合的面积快速增加。选择等值线时需要考虑能为中心城供给较高比例的就业者，比例尽量取大值，等值线围合的范围内也能有较高的自我平衡率，满足相对独立的要求；当然，就业者比例和圈内平衡率不可能取 100%，否则范围过大，超出狭义的城市范畴。就业者比例取值尚无标准（Parr，2007），但从图 4-7 可见，当取值超过 98% 时，等值线围合的面积增长率已由缓和变为陡峭，说明等值线外推对范围变化会产生较大影响，故就业者比例取 98%，此时等值线取值 0.004 万人 /km²，圈内平衡率也超过 95%。

如图 4-8 所示，中心城就业者的就业活动影响范围呈由中心城偏西南方向的不规则形态，沿地铁向外指状延伸。北部沿 1 号、3 号、7 号线延伸至宝山新城，西部沿 2 号、9 号、10 号、11 号、13 号线延伸至南翔、江桥镇以及七宝—泗泾一带，南部沿 5 号线、8 号线、16 号线延伸至闵行新城、浦江、康桥，东部沿 2 号线延伸至川沙。说明地铁线网分布与中心城就业者的就业活动影响范围有较高相关性。这是由于一方面地铁比其他公共交通的通勤效率更高，加强了沿线地区与中心城的通勤联系，促使影响范围

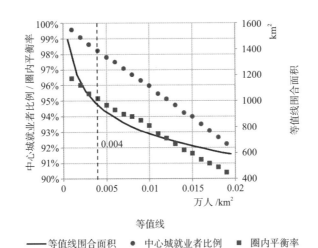

图 4-7　等值线—中心城就业者比例—等值线围合面积

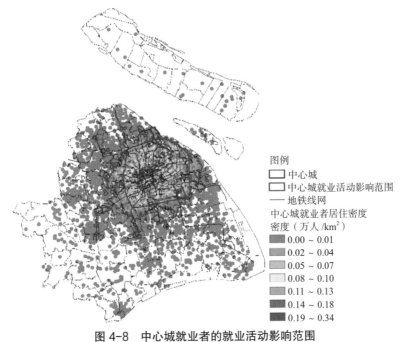

图 4-8　中心城就业者的就业活动影响范围

注：居住密度按自然间断点分级法分为 7 个等级显示，仅代表识别出的用户值。

沿地铁向外呈指状延伸；另一方面在尚无地铁线的地区一旦有较高通勤需求，也会促使地铁选线时向通勤量较大的地区倾斜。

4.3.2 中心城就业者的居住活动影响范围

从就业—居住功能联系数据中筛选在中心城居住的43.4万用户的记录，按代表工作地的基站汇总每个基站连接的人数，以800m为搜索半径做核密度分析，得到在中心城居住的就业者的就业密度（下文简称中心城居住者就业密度），在中心城外的密度衰减更加显著（图4-9）。以0.001万人/km^{2}的等值距生成中心城居住者就业密度等值线。包含98%中心城居住者的就业密度对应的等值线为0.003万人/km^2，圈内平衡率超过95%。

由图4-10可见，在相同标准下，中心城就业者的居住活动影响范围小于就业活动影响范围，证明了上文提到的假设。虽然居住活动影响范围有沿地铁向外延伸的趋势，但并不明显，主要还是环绕外环分布。说明地铁对外环周边地区居民来中心城就业的作用明显大于中心城居民到外环周边地区就业。

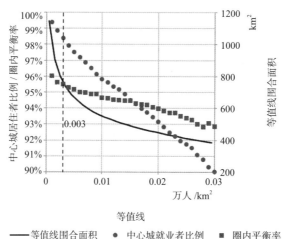

图 4-9 等值线—中心城居住者比例—等值线围合面积

4.3.3 现状中心城区范围

为便于管理和统计，以街道为空间单元划定中心城区范围。具体方法为分别计算就业者的就业和居住活动影响范围在各街道的面积占比，将比值大于30%（考虑外环周边街道的城市住宅用地和农村居民点用地占比约为30%）的街道纳入中心城区，依据就业活动划定的中心城区范围大于居住活动。如图4-11所示，2015年上海现状中心城区包括125个街道，面积1180 km^2。已将宝山新城、闵行新城、虹桥商务区，以及浦西的南翔、江桥、泗泾，浦东的曹路、唐镇、康桥等地纳入其中。虽然从城市建

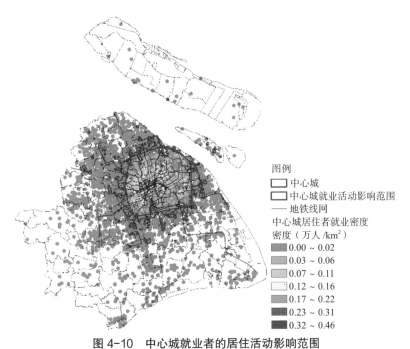

图 4-10　中心城就业者的居住活动影响范围

注：就业密度按自然间断点分级法分为 7 个等级显示，仅代表识别出的用户值。

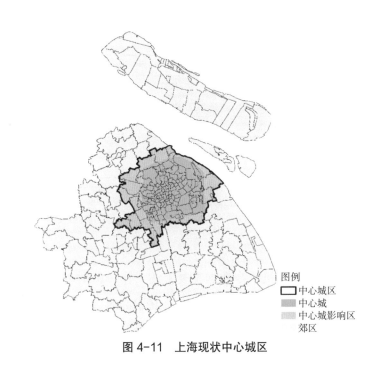

图 4-11　上海现状中心城区

设用地来看外环内的中心城向外蔓延，与郊区连绵成片，已难以区分城市和郊区；但从就业—居住活动的影响范围来看，中心城就业者的活动并不是无序的，被限定在 1180km² 范围内。

按中心城区范围重新统计中心城和中心城区内就业—居住活动通勤比例可知：

（1）在中心城工作的就业者只有 3.7% 在中心城区外居住，在中心城居住的就业者只有 1.7% 在中心城区外工作。

（2）在中心城区工作的就业者只有 5.5% 在中心城区外居住，在中心城区居住的就业者只有 3.5% 在中心城区外工作。

说明上述通过就业—居住活动影响范围划定的中心城区能包含大多数中心城的就业—居住活动，且是一个相对独立的空间范围，符合中心城区界定。

另外，从人口和用地角度来看（表 4-1），中心城人口密度高达 1.7 万人 /km²，人口高度密集，城市建设用地比例达到 85.2%，是城市核心建成区；中心城影响区（中心城区内、中心城外部分）的这两项指标分别为 0.63 万人 / km² 和 46.7%（与郊区 0.16 万人 / km² 和 18.1% 的指标存在显著差异），仍然属于狭义的城市范畴，也验证了划定的中心城区范围比较合理。

2015 年上海市域各空间圈层指标　　　　表 4-1

指标	中心城区	其中		郊区
		中心城	中心城影响区	
面积（km²）	1180	664	516	5161
常住人口（万人）	1457	1132	325	845
人口比例	63.3%	49.2%	14.1%	36.7%
人口密度（万人 /km²）	1.23	1.70	0.63	0.16
城市建设用地比例	68.4%	85.2%	46.7%	18.1%
城市建设用地面积（km²）	807	566	241	934

资料来源：①《上海市城市总体规划（1999-2020）实施评估研究报告专题之十二——中心城发展研究（征求意见稿）》；②上海市第六次人口普查数据；③上海市 2011 年土地使用现状图。

4.3.4 识别结果检验

使用 2011 年上海移动手机信令数据重复上述工作，识别 2011 年现状中心城区。在中心城工作的就业者占就业者总数的 44.7%，在中心城居住的就业者占就业者总数的 42.1%。其中居住在中心城外，每天来中心城工作的就业者占在中心城工作的就业者的 13.3%；在中心城外工作，每天回到中心城居住的就业者占在中心城居住的就业者的 7.8%。每天因就业—居住活动进出中心城的就业者占就业者总数的 9.2%。若以全市 1041.5 万第二、三产业就业人数[①] 推算，每天有约 96 万人在中心城与郊区之间通勤。

----

① 数据来源于《上海市第二次经济普查主要数据公报》。

与 2011 年相比，2015 年时居住在中心城的就业者更少到中心城外工作。但由于就业人数增长、中心城就业更加集聚（中心城就业岗位占比从二经普的 48.8% 增长到三经普的 57.3% 也验证了这一点），在中心城与郊区之间通勤的就业者总量有较显著增长。

分别按基站汇总在中心城工作的 303.8 万用户的居住地和在中心城工作的 285.9 万用户的居住地，以 800m 为搜索半径做核密度分析，得到中心城就业者居住密度和中心城居住者就业密度。以 0.001 万人 /km² 的等值距分别生成中心城就业者居住密度等值线和中心城居住者就业密度等值线，取能包含 98% 中心城就业者的居住密度等值线（0.019 万人 /km²）和包含 98% 中心城就业者的就业密度等值线（0.013 万人 /km²）作为中心城就业—居住活动影响范围（图 4-12、图 4-13）。

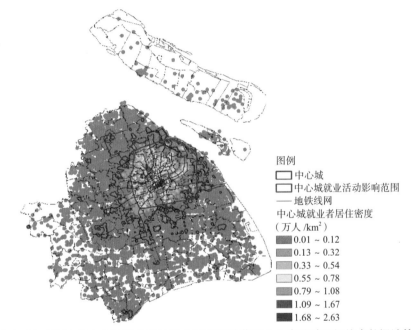

图 4-12　2011 年中心城就业者的就业活动影响范围（上海移动手机信令数据计算）
注：居住密度按自然间断点分级法分为 7 个等级显示，仅代表识别出的用户值。

中心城就业者的就业活动影响范围与 2015 年联通数据分析结果相似，仍呈由中心城偏西南方向的不规则形状，沿地铁向外指状延伸较明显。中心城就业者的居住活动影响范围大于 2015 年的结果，涉及嘉定新城、金山新城、青浦新城等地区。

将就业和居住活动影响范围在各街道的面积占比超过 30% 的街道纳入中心城区，排除飞地，依据就业活动划定的中心城区范围仍然大于依据居住活动划定的范围。如图 4-14 所示，2011 年上海现状中心城区包括 128 个街道，面积 1278km²。在中心城工作的就业者只有 3.2% 在中心城区外居住，在中心城居住的就业者只有 3.1% 在中心城

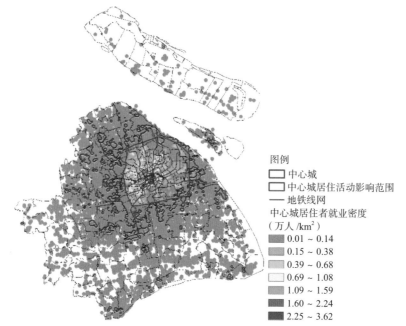

图4-13 2011年中心城就业者的居住活动影响范围（上海移动手机信令数据计算）

注：就业密度按自然间断点分级法分为7个等级显示，仅代表识别出的用户值。

图4-14 2011年上海现状中心城区（上海移动手机信令数据计算）

区外工作；在中心城区工作的就业者只有4.8%在中心城区外居住，在中心城区居住的就业者只有4.7%在中心城区外工作。符合本书对中心城区的界定。

2011年上海移动手机信令数据现状中心城区识别结果与2015年上海联通手机信

令数据现状中心城区识别结果相似，128 个街道中仅西部和南部的 5 个街道有差异，这些有差异的街道面积仅占两个年份识别结果共同范围面积的 12.6%（图 4-15）。

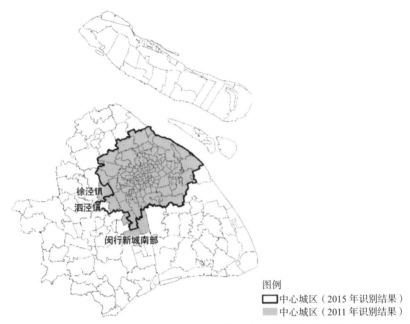

图 4-15　2011 年和 2015 年上海现状中心城区识别结果比较

2015 年闵行新城南部 3 个街道、徐泾镇未成为中心城影响区，泗泾镇成为中心城影响区。这是由于近年来闵行新城南部逐渐有科技型产业进驻，虹桥商务区进一步发展，带来就业岗位，为闵行新城南部和徐泾镇居民就近工作提供了可能，使中心城区范围反而缩小，和城市建成区蔓延正好相反。泗泾镇受中心城影响加强则可能与近年来泗泾镇的住房开发量大幅增加，地铁 9 号线又能便捷联系近年来就业规模扩大的漕河泾经济技术开发区，泗泾镇相对中心城房价较低等因素有关，从而成为漕河泾经济技术开发区新增就业者的居住地（详见第 5 章）。

用 2011 年上海移动手机信令数据和 2015 年上海联通手机信令数据得到的中心城区范围基本一致，差异可解释。说明使用 2015 年上海联通手机信令数据反映的就业—居住活动规律基本准确。

4.4　中心城游憩—居住活动影响范围

依据中心城就业—居住活动影响范围已经确定了上海中心城区范围。但游憩—居住活动也是城市主要活动类型之一，由其形成的游憩—居住功能联系对城市空间范围也有重要影响。过去受数据获取限制，研究难度较大。近年来得益于手机信令数据得到的游憩—居住功能联系数据，使用相同的方法和标准，使识别中心城游憩—居住活动影响范围成为可能。可以比较中心城就业—居住功能联系和游憩—居住功能联系形成的城市空间圈层结构差异。

使用 2015 年上海联通手机信令数据识别到的 229.7 万游憩者中有 161.8 万人、373.5 万人次在中心城有过游憩活动记录（1 个休息日计 1 人次，若某一用户有 3 个休息日在中心城有过游憩活动记录则计 3 人次），占游憩者总人数的 70.4% 和总人次的 63.5%（人数统计其实意义不大，因为随着统计天数增加，最终在中心城游憩的人数会接近 100%），其中 6 个工作日中有 49.3 万居住在中心城外的人在中心城产生了 89.9 万人次的游憩活动记录，占中心城游憩人次的 24.1%；其中 6 个工作日中有 42.3 万居住在中心城的人在中心城外产生了 65.1 万人次的游憩活动记录，占居住在中心城的游憩者人次的 20.7%。

该数据表明虽然中心城的游憩—居住活动大部分仍在中心城内，但相比于就业—居住活动，游憩—居住活动进出中心城的比例更高。说明外环对游憩—居住活动空间范围限制不如就业—居住活动。这一结果也符合一般常识：工作日居民受工作时间制约，活动范围有限；周末时间较充裕，更倾向于选择工作日难以进行的活动（例如居住在中心城外的居民会前往中心城内的商场、文化娱乐场馆等，居住在中心城内的居民会前往中心城外的森林公园、动物园、游乐园等），愿意承担更高的出行成本，活动范围更广。

4.4.1 中心城游憩者的游憩活动影响范围

从游憩—居住功能联系数据中筛选出 6 个休息日在中心城有过游憩活动的 161.8 万用户的记录，按代表居住地的基站汇总每个基站连接的人次，以 800m 为搜索半径做核密度分析，得到在中心城有过游憩活动记录的游憩者的居住密度（下文简称中心城游憩者居住密度）。以 0.001 万人 /km² 的等值距生成中心城游憩者居住密度等值线，为了与中心城就业者的就业活动影响范围具有可比性，取能包含 98% 中心城游憩人次的居住密度对应的等值线作为中心城游憩者的游憩活动影响范围。

由图 4-16 可见，中心城游憩者居住密度在外环内外差异依旧显著，但中心城外的密度衰减比就业者居住密度衰减更加缓和。游憩活动影响范围的分布形态与就业活动影响范围相似，都呈由中心城偏西南方向的不规则形状，沿地铁向外指状延伸。但从面积上来看游憩活动影响范围更大，在嘉定区、松江区、金山区等各行政区甚至崇明岛上形成了若干飞地。

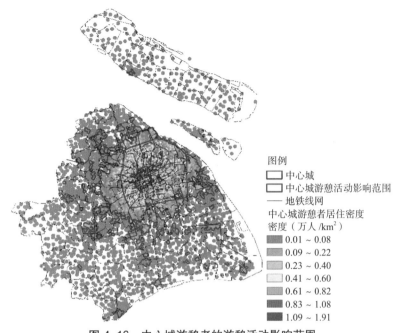

图 4-16　中心城游憩者的游憩活动影响范围

注：居住密度按自然间断点分级法分为 7 个等级显示，仅代表识别出的用户值。

4.4.2　中心城游憩者的居住活动影响范围

从游憩—居住功能联系数据中筛选出居住在中心城、6 个休息日中在中心城外有过游憩活动的 42.3 万用户的记录，按代表游憩地的基站汇总每个基站连接的游憩活动量，以 800m 为搜索半径做核密度分析，得到在中心城居住的游憩者的游憩活动强度（下文简称中心城居住者游憩活动强度）。以 0.001 万人 /km² 的等值距生成中心城居住者游憩活动强度等值线，取能包含 98% 中心城居住人次的游憩活动强度对应的等值线作为中心城游憩者的居住活动影响范围。

由图 4-17 可见中心城游憩者的居住活动影响范围与就业者的居住活动影响范围有较大差异，不仅面积更大，而且沿地铁 11 号线向嘉定区延伸趋势更明显。说明相比于工作日，周末有更多居住在中心城内的居民长距离出行、前往中心城外游憩。

4.4.3　中心城游憩和居住活动影响区

分别计算游憩者的游憩和居住活动影响范围在各街道的面积占比，将比值大于 30% 的中心城外围街道纳入中心城游憩和居住活动影响区，共有 144 个街道，面积 1864 km²（图 4-18）。这一范围已经超出了狭义的城市范畴，覆盖了嘉定新城几乎全部范围以及松江新城核心地区。说明在相同标准下，游憩—居住活动影响范围涉及的地区远大于就业—居住活动。

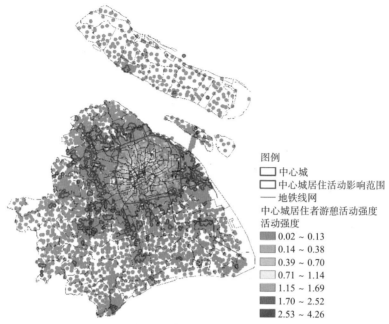

图 4-17　中心城游憩者的居住活动影响范围

注: 游憩活动强度按自然间断点分级法分为 7 个等级显示, 仅代表识别出的用户值。

图 4-18　中心城游憩和居住活动影响区

按中心城区范围重新统计中心城和中心城区内游憩—居住活动出行比例可知:

（1）在中心城有过游憩活动记录的游憩者只有 10.4% 的人次在中心城区外居住，在中心城居住的游憩者只有 11.3% 的人次在中心城区外有过游憩活动记录。

（2）在中心城区有过游憩活动记录的游憩者只有 13.1% 的人次在中心城区外居住，在中心城区居住的游憩者只有 14.7% 的人次在中心城区外有过游憩活动记录。

虽然比例都比就业—居住活动高，但仍能维持在 15% 以下，相比于以中心城为统计范围的比例都有显著下降。

4.5　本章小结

本章的目标是确定研究范围，针对中心城已经不是一个独立的空间范围、中心城之外应该还存在一个相对独立的"中心城区"的问题，笔者借鉴 Parr 的劳动力需求影响范围法，从功能联系视角分析中心城就业—居住活动影响范围，由此划定现状中心城区范围。

从使用手机信令数据获取的就业—居住功能联系数据来看，中心城确实不是一个独立的空间范围：在中心城工作的就业者中有 14.3% 在中心城外居住，在中心城居住的就业者中有 4.9% 在中心城外工作。将能包含 98% 中心城就业者的居住密度等值线和包含 98% 中心城居住者的就业密度等值线分别作为中心城就业者的就业和居住活动影响范围，发现前者大于后者，且沿地铁分布趋势较明显。影响范围主要涉及 125 个街道，面积 1180 km^2。

中心城游憩—居住活动影响范围则更大：在中心城有过游憩活动记录的游憩人次中有 24.1% 在中心城外居住，在中心城居住的游憩者中有 20.7% 在中心城外有过游憩活动记录。使用相同的方法和标准，识别出了中心城游憩—居住活动影响范围，主要涉及 144 个街道，面积 1864 km^2。

根据以通勤界定中心城区的共识，将中心城就业—居住活动影响范围主要涉及的 125 个街道作为现状中心城区。这一范围能包含中心城 96% 以上的就业—居住活动和 88% 以上的游憩—居住活动，能包含中心城区 94% 以上的就业—居住活动和 85% 以上的游憩—居住活动，是一个相对独立的空间范围。而且从人口密度和城市建设用地比例来看，中心城区符合狭义的城市特征。下文将以中心城区为范围开展研究。

第5章

就业中心
体系①

就业中心体系是就业空间结构的研究内容之一。由于就业中心对就业功能具有较强集聚能力，对其进行研究能基本反映就业空间结构的主要特征。研究一般包括就业中心识别、能级判断、腹地划分、规划对策等内容。其中就业中心识别和规划对策研究成果较多，已形成了识别就业中心、描述就业中心特征、提出优化对策的研究传统。而关于能级判断、腹地划分的研究则较简单，前者往往依据就业密度划分主次中心，后者往往依据主观经验定性描述各中心服务范围，因缺乏数据难以实证，很难有更深入讨论。本章希望利用就业—居住功能联系数据，准确识别就业中心，从基于人流的功能联系视角补充对就业中心能级的认识、实现实证各中心腹地的设想，发现现状缺少就业中心的地区，最后对就业中心体系影响机制进行分析，为规划提出优化对策提供依据。

5.1 就业中心识别

5.1.1 就业中心识别的方法依据

就业中心的识别方法经历了 3 个阶段。首先是 Giuliano 将就业密度大于 0.25 万人 /km² 且就业岗位总数大于 1 万作为识别标准，用交通调查中的就业数据，从洛杉矶 1146 个交通小区中识别出了 32 个就业中心（平均每个交通小区面积 800hm²）(Giuliano, et al, 1991)，但无法识别密度较低的就业中心、识别标准依赖主观判断，而且由于统计单元代表的就业中心不一定是就业中心的真实范围，可能导致实际范围小于统计单元或跨统计单元的就业中心无法识别。随后，McMillen 用交通调查数据（统计单元面积 100hm² ~ 1500hm²），基于单中心空间结构的假设，提出局部加权回归和半参数回归的

---

① 本章中有关就业中心体系的分析方法，由编著者以《上海中心城就业中心体系测度——基于手机信令数据的研究》为题，发表于《地理学报》2016 年第 3 期。

识别方法，解决了识别较低密度就业中心的问题（McMillen，2001）。这一识别方法已经成为国内研究者用经济普查中的就业岗位数据识别就业中心（谷一桢 等，2009；蒋丽 等，2009；刘霄泉 等，2011；孙铁山 等，2012；孙斌栋 等，2013；孙斌栋 等，2014；魏旭红 等，2014）的标准方法，但仍然无法避免空间统计单元划分对结果的影响。

Leslie 提出了使用调查点的核密度分析法识别就业中心可避免空间单元影响，将菲尼克斯大都市区非政府组织空间分布的点数据转化为就业密度数据，从中识别了 1995 年 14 个中心和 2004 年 13 个中心，但在密度高值区内识别就业中心还需依赖主观判断（Leslie，2007）。Vasanen 在此基础上又进一步提出了可用就业密度局部空间自相关分析客观地识别就业中心，用芬兰 250m × 250m 栅格的通勤数据，设定 1% 显著性水平，识别了 3 个城市中心建成区（Central Built-up Area）的就业密度高值聚类区，并将面积最大的聚类区识别为主中心，其余聚类区识别为次中心（Vasanen，2012）。由于有较小空间单元的就业岗位数据，就业中心范围基本不受统计单元影响，识别也不需要采用复杂的数学模型。

5.1.2　就业中心识别方法和识别结果

上文识别得到的就业—居住功能联系数据可根据代表就业者工作地的基站汇总，得到高精度的就业岗位分布数据，支持使用就业密度局部空间自相关法识别就业中心。考虑到就业岗位在全市都有分布，会集聚形成不同大小的就业活动集聚区，为抓住就业中心的主要特征，依据分区规划提出的市级中心不小于 19hm^2 的面积下限值，仅将面积大于 19hm^2 的就业活动集聚区称为就业中心。

首先，在 ArcGIS 中以 800m 为搜索半径做核密度分析，将每个作为工作地的基站连接的用户数分摊到 200m × 200m 的栅格中，每个栅格的属性值就代表该栅格的就业密度，截取中心城区内的部分，即为中心城区就业密度（图 5-1）。随后，用热点分析（Getis-Ord Gi）法对就业密度进行局部空间自相关分析，以反距离法表达空间关系，取 800m 距离阈值（IDW 800），在 1% 显著性水平下（ZScore 大于 2.58）选出就业密度的高值聚类区（图 5-2），表明这些地区的就业密度具有显著高值集聚特征。接下来，参考分区规划提出的市级中心不小于 19hm^2 的面积下限值，排除面积较小的高值聚类区 [①]，如真北地铁站周边（16hm^2）、镇坪路地铁站周边（16hm^2）、肇嘉浜路与太原路交叉口（16hm^2）等。最后根据对就业中心的传统认知以及分区规划中确定的公共活动中

[①]　中心城区最南部的高值聚类区是由于工厂周边拆迁未建引起的密度差异造成的，高校是由于学生集聚产生的，也需要排除。

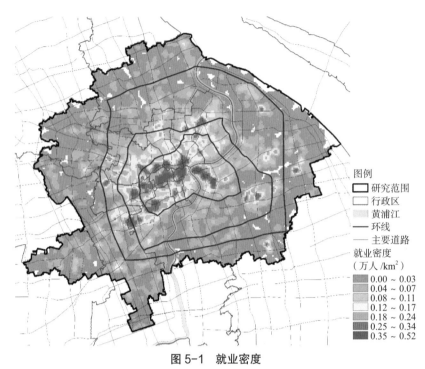

图 5-1　就业密度

注：就业密度按自然间断点分级法分为 7 个等级显示，仅代表识别出的用户值。

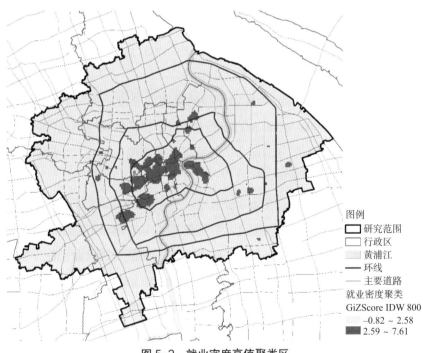

图 5-2　就业密度高值聚类区

心及范围，将其分为陆家嘴、徐家汇、南京西路等 28 个就业中心（图 5-3）。这些中心以只占中心城区 4.1% 的面积集聚了 26.9% 的就业岗位。

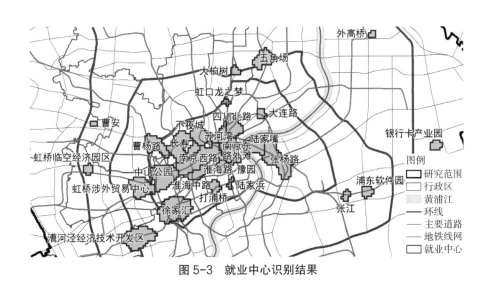

图 5-3　就业中心识别结果

上述 28 个就业中心中，陆家嘴、南京东路外滩、南京西路、四川北路、淮海路等是传统意义上的城市主中心，五角场和徐家汇是规划的副中心，打浦桥、中山公园、长寿是规划的地区中心 ①。虹口龙之梦、浦东软件园、漕河泾经济技术开发区（下文简称漕河泾）等未在 2004 版分区规划中出现。与其他学者以街道为空间单元识别的就业中心（图 5-4）相比，空间分布特征相似，但还识别到了曹安、虹桥临空经济园区、大连路等实际范围小于街道或跨若干个街道的就业中心，而且张江、浦东软件园、外高桥等位于产业园区中的就业中心也能被区分出来（若以街道为空间单元，张江镇的规模已超出了单个就业中心的空间尺度），还能排除平均就业密度较高，但并未形成集聚中心的友谊路街道。如果仅依规划、传统认知或以街道为空间单元确定就业中心，部分上述就业中心有可能被忽略。

从空间分布来看，就业密度由传统城市中心（人民广场，下文中的城市中心或中心地区均指人民广场）向外逐渐下降。识别到的就业中心呈弱多中心体系 ②，除唐镇的银行卡产业园外都位于中心城内，且沿地铁 2 号线分布趋势较显著，并在内环内形成就业活动集聚区，这 18 个就业中心面积约 37km²，占就业中心总面积的 75.8%。浦东

① 这里的规划指分区规划，分区规划中的公共活动中心功能包括就业、商业、文化等，和就业中心有错位，但大部分是重合的。

② 多中心和单中心之间无明确界限，只能说更偏于多中心还是更偏于单中心，这里使用"弱多中心体系"这个词表示就业中心肯定不是单中心体系，但也不是显著的多中心体系，而是介于两者之间，相对来说更偏向于单中心体系。

的就业中心明显少于浦西，且分布较为分散。除银行卡产业园、曹安外，就业中心均位于地铁沿线。浦西北部中环外、浦东南部内环外大片地区无就业中心。

图 5-4　以街道为空间单元识别的就业中心

资料来源：孙斌栋，涂婷，石巍，等.特大城市多中心空间结构的交通绩效检验——上海案例研究 [J]. 城市规划学刊，2013（2）：63-69.

5.1.3　识别结果检验

使用 2011 年上海移动手机信令数据，用相同的方法识别就业中心。就业密度、就业密度高值聚类区、就业中心识别结果见图 5-5 ~ 图 5-7，与使用 2015 年上海联通手机信令数据得到的结果相似，就业中心仍呈弱多中心体系，就业密度最高的地区仍然集聚在内环内。不同的是使用 2011 年上海移动手机信令数据未能识别五角场、浦东软件园、银行卡产业园等 9 个就业中心，而能识别新曹杨高新技术园区（图 5-8）。苏河湾、四川北路、不夜城等 6 个中心识别面积显著小于 2015 年（2015 年识别结果面积增加 30% 以上，且共同部分面积占 2011 年识别结果小于 70%），陆家浜、打浦桥、淮海路、淮海中路 4 个中心识别面积显著大于 2015 年（2015 年识别结果面积减小 30% 以上，且共用部分面积占 2015 年识别结果小于 70%）（表 5-1）。

造成上述差异的主要原因有以下几方面：一是 2011 年上述部分就业中心尚未建成或形成规模，如五角场、浦东软件园、张江、大连路、虹口龙之梦。二是 2011 年以后部分就业中心所在地区外部发展条件发生改变，如老西门所在的老城厢旧城改造力度较大，

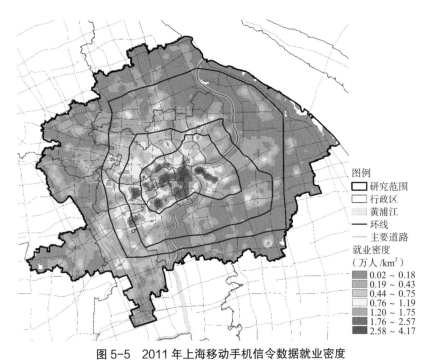

图 5-5　2011 年上海移动手机信令数据就业密度

注：就业密度按自然间断点分级法分为 7 个等级显示，仅代表识别出的用户值。

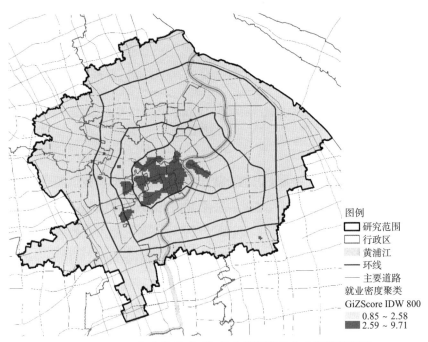

图 5-6　2011 年上海移动手机信令数据就业密度高值聚类区

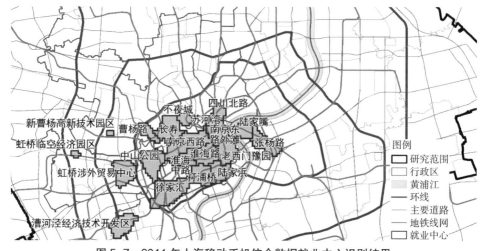

图 5-7　2011 年上海移动手机信令数据就业中心识别结果

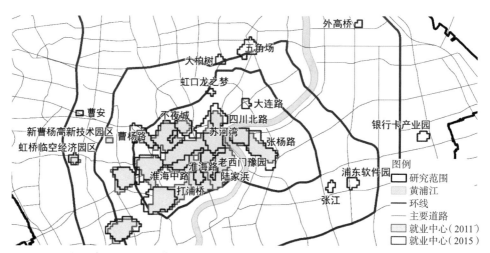

图 5-8　2011 年上海移动手机信令数据就业中心识别结果和 2015 年上海联通手机信令数据就业中
心识别结果比较

城市功能处于调整中，2015 年无法识别为就业中心；大柏树向科技创新产业转型，四川
北路提升商务功能，就业集聚能力增强，前者 2015 年被识别为就业中心，后者 2015 年
面积显著增加；苏河湾、四川北路、不夜城等就业中心是上海市或各区政府重点发展的
地区，2011～2015 年间有若干新建项目落成，2015 年识别得到的就业中心面积增加较大；
陆家浜、打浦桥、淮海路、淮海中路都位于黄浦区南部，近年来这一地区传统商业逐渐
衰落，对就业集聚能力也有所影响，2015 年就业中心面积减少较大。三是手机信令数据
的抽样不保证完全随机，面积较小的就业中心识别结果存在误差属正常现象，如曹安和
新曹杨高新技术园区，都仅有 24hm²，前者 2011 年未被识别为就业中心，后者 2015 年
未被识别为就业中心，属正常误差，对接下来的分析结果影响应该不大。四是 2011 年

上海移动手机信令数据缺失基站小区之间移动变更连接基站的信令，基站被随机偏移，导致工作地识别结果与三经普相关系数降低，特别是浦东新区识别率偏低，就业中心识别结果会受到影响，如银行卡产业园、外高桥，考虑到前者位于外环外、后者面积较小，对结果影响应该不大；而上述提及的老西门豫园、陆家浜、打浦桥、淮海路、淮海中路所在的黄浦区南部，2011 年就业中心识别结果偏大，部分就业密度高值聚类区并不完全位于商务用地集中的地区，可能与 2011 年上海移动手机信令数据存在问题有关。

识别结果比较及差异原因分析　　　　　　　　　　　　表 5-1

2011 年识别结果	2015 年识别结果	2015 年识别结果面积增加率（%）	共同部分占 2011 年识别结果比例	共同部分占 2015 年识别结果比例	2015 年变化情况	差异原因
苏河湾	苏河湾	208.3%	100.0%	32.4%	扩大	苏河湾是上海市十二五规划重点项目，定位为上海城市 ABLE 中心、大型城市综合体。2011～2015 建成华侨城苏河湾、大悦城、新龙广场等项目，带动地区就业功能提升，就业密度高值区向西北拓展
虹桥临空经济园区	虹桥临空经济园区	66.7%	77.8%	46.7%	扩大	虹桥临空经济园区一直处在发展建设中，2014 年凌空 SOHO 建成使用，园区就业密度高值区向西北角拓展
曹杨路	曹杨路	48.6%	83.8%	56.4%	扩大	2011～2015 年，从宁夏路口至武宁路口的曹杨路 3km 路段逐渐集聚曹杨创业园、长风创业园、五零智慧科技园等 9 家创业园区。2015 年普陀区政府计划将这一地区打造成上海首个小微企业创业孵化集聚带。2013 年环球港投入使用进一步提升了这一地区的就业功能。曹杨路就业密度高值区向西拓展
四川北路	四川北路	75.0%	100.0%	57.1%	扩大	近年来，四川北路商圈升级调整。城投控股大厦、壹丰广场、虹口 SOHO 等项目建成，带动地区发展。位于东宝兴路、四川北路交叉口的存量写字楼出租率有所提升。就业密度高值区向北拓展
不夜城	不夜城	72.0%	100.0%	58.1%	扩大	不夜城是闸北区重点发展地区，2011～2015 年建成隆宇国际商务广场、达邦协作广场等项目，地区整体就业功能提升，就业密度高值区向外拓展
张杨路	张杨路	41.7%	97.2%	68.6%	扩大	2011 年世纪广场就业尚未形成规模，陆家嘴金融服务广场于 2012 年才建成。2015 年就业密度高值区向南拓展
老西门豫园	豫园	−85.0%	15.0%	100.0%	缩小	2011 年后老西门所属的老城厢地区旧城改造力度较大，改变原有产业结构
陆家浜	陆家浜	−85.7%	14.3%	100.0%	缩小	近年来传统商业逐渐衰落，影响就业集聚能力。2011 年手机信令数据存在问题，导致就业中心识别结果偏大
打浦桥	打浦桥	−69.7%	30.3%	100.0%	缩小	

续表

2011 年识别结果	2015 年识别结果	2015 年识别结果面积增加率（%）	共同部分占 2011 年识别结果比例	共同部分占 2015 年识别结果比例	2015 年变化情况	差异原因
淮海路	淮海路	−66.2%	33.8%	100.0%	缩小	
淮海中路	淮海中路	−38.3%	61.7%	100.0%	缩小	
漕河泾经济技术开发区	漕河泾经济技术开发区	31.9%	93.1%	70.5%	—	—
长寿	长寿	11.1%	90.0%	81.0%	—	—
陆家嘴	陆家嘴	9.3%	93.0%	85.1%	—	—
南京西路	南京西路	7.1%	92.0%	85.8%	—	—
中山公园	中山公园	4.5%	80.9%	77.4%	—	—
南京东路外滩	南京东路外滩	−11.1%	88.9%	100.0%	—	—
虹桥涉外贸易中心	虹桥涉外贸易中心	−12.0%	78.7%	89.4%	—	—
徐家汇	徐家汇	−14.8%	65.2%	76.5%	—	—
—	大连路	—	—	—	新增	合生财富广场、宝地广场、北美广场等写字楼于 2011 年后投入使用
—	虹口龙之梦	—	—	—	新增	最大的写字楼凯德龙之梦于 2011 年底投入使用
—	大柏树	—	—	—	新增	2011 年后大柏树向科技创新产业转型，存量写字楼得到再利用
—	五角场	—	—	—	新增	
—	浦东软件园	—	—	—	新增	2011 年尚未形成规模
—	张江	—	—	—	新增	
—	银行卡产业园	—	—	—	新增	
—	外高桥	—	—	—	新增	手机信令数据误差
—	曹安	—	—	—	新增	
新曹杨高新技术园区	—	—	—	—	未识别	面积仅 24hm²，属正常误差

使用 2011 年上海移动手机信令数据识别的就业中心与使用 2015 年上海联通手机信令数据识别的就业中心结果相似,差异基本可解释。由于使用的是两家运营商的数据,若对 2011 年和 2015 年就业中心体系进行比较可能并不十分严谨,因此本书不讨论就业中心体系演变,仅将 2011 年上海移动手机信令数据用于检验 2015 年上海联通手机

信令数据识别的就业中心是否准确。通过不同年份、不同运营商数据的反复检验，分析差异的原因，希望能保证分析结果比较可靠。检验结果再一次证明了使用两家运营商的数据都能基本反映全市居民的就业—居住活动规律。下文将重点分析 2015 年上海中心城区空间结构，与手机信令数据有关的分析均使用 2015 年上海联通手机信令数据。

上海中心城区地铁已形成较完整的网络，重要地区站点已基本覆盖。因此可用地铁刷卡数据计算代表工作地的站点流量，验证手机信令数据识别的就业中心是否合理。使用 2015 年上海地铁刷卡数据识别到的就业—居住功能联系数据，可以代表工作地的站点汇总人流量。如图 5-9 所示，流量大的站点主要是地铁 2 号线的站点，以及地铁 9 号线的漕河泾开发区站、宜山路站和徐家汇站等站点。流量位于前 3 个等级的站点与就业中心高度吻合（表 5-2），证明用手机信令数据识别的就业中心符合常理。

工作地流量前 3 级站点与对应就业中心 　　　　　　　　表 5-2

站名	地铁线	工作地站点流量（万人）	对应就业中心
人民广场	1 号线、2 号线、8 号线	3.03	南京东路外滩
陆家嘴	2 号线	3.01	陆家嘴
漕河泾开发区	9 号线	2.67	漕河泾
静安寺	2 号线、7 号线	2.48	南京西路
徐家汇	1 号线、9 号线、11 号线	1.97	徐家汇
上海火车站	1 号线、3 号线、4 号线	1.91	不夜城
南京东路	2 号线、10 号线	1.78	南京东路外滩
张江高科	2 号线	1.57	张江
南京西路	2 号线	1.54	南京西路
宜山路	3 号线、4 号线、9 号线	1.53	徐家汇
金科路	2 号线	1.47	浦东软件园
江苏路	2 号线、11 号线	1.41	中山公园
世纪大道	2 号线、4 号线、6 号线、9 号线	1.34	张杨路
浦电路	4 号线	1.31	张杨路
中山公园	2 号线、3 号线、4 号线	1.27	中山公园
东昌路	2 号线	1.15	张杨路
娄山关路	2 号线	1.10	虹桥涉外贸易中心
淞虹路	2 号线	1.09	虹桥临空经济园区
桂林路	9 号线	1.06	漕河泾
黄陂南路	1 号线	1.05	淮海路
长寿路	7 号线、12 号线	1.00	长寿
商城路	9 号线	0.99	张杨路
大世界	8 号线	0.95	南京东路外滩

续表

站名	地铁线	工作地站点流量（万人）	对应就业中心
陕西南路	1 号线	0.93	淮海中路
常熟路	1 号线、7 号线	0.93	淮海中路
延安西路	3 号线、4 号线	0.91	中山公园
曹杨路	3 号线、4 号线、11 号线	0.90	曹杨路
虹桥路	3 号线、4 号线、10 号线	0.89	徐家汇
合川路	9 号线	0.82	漕河泾

注：流量仅代表能同时识别出工作地、居住地的用户值。

图 5-9　工作地站点流量

注：站点流量按自然间断点分级法分为 7 个等级，仅代表识别出的用户值。

5.1.4　就业中心腹地

就业中心腹地是指就业中心吸引和辐射力所能达到的范围，得益于通过手机信令数据得到的就业—居住功能联系数据包含每个就业者的居住地信息，可以更加直观、精确地描述上述就业中心的就业者来源地，即从就业—居住的功能联系来分析所有就业中心的腹地，这是用传统数据很难实现的。

按就业中心分组，汇总在每个就业中心工作的就业者居住地，分别对代表居住地的基站以 800m 为搜索半径做核密度分析，得到每个就业中心的就业者居住密度。将密度值由大到小累加，把累加到就业者总数的 50%、60%、70%、80%、90% 作为间

断值，分别表示吸引前 50%、51%~60%、61%~70%、71%~80%、81%~90%、
91%~100% 就业者的空间范围，这样每个就业中心的就业者居住密度就被分为了 6
个等级，其中能吸引前 80% 就业者的范围，本书将其称为主要腹地。6 个典型就业中
心的腹地如图 5-10 所示（其他就业中心腹地详见附录 B）。

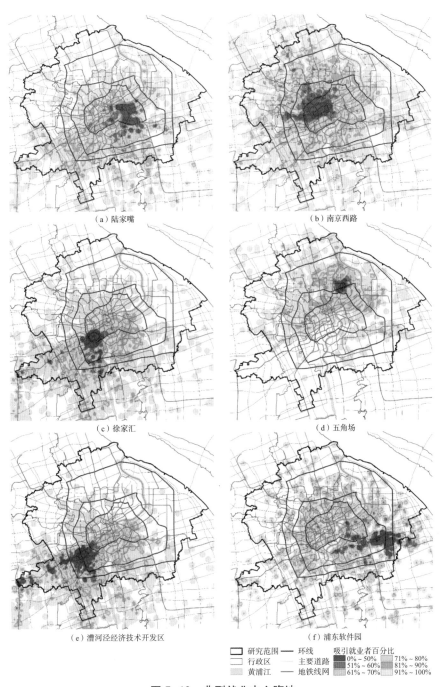

（a）陆家嘴　　　　　　　　　　　　　　　　　（b）南京西路

（c）徐家汇　　　　　　　　　　　　　　　　　（d）五角场

（e）漕河泾经济技术开发区　　　　　　　　　　（f）浦东软件园

图 5-10　典型就业中心腹地

各就业中心吸引的就业者居住密度均呈现由自身向外逐渐下降的趋势，符合近距离出行多、远距离出行少的规律。具体来看，各中心主要腹地呈不同分布形态。传统就业中心陆家嘴的腹地主要位于浦东内环内以及地铁 2 号线、6 号线一带，并沿地铁 9 号线、1 号线延伸至泗泾和莘庄，浦西地铁 2 号线北部基本无主要腹地。相比之下南京西路的主要腹地范围更广，主要位于浦西延安路高架以北的中环内，并沿地铁在庙行、顾村、大场、北新泾等大型居住区形成若干飞地，浦东密度较低，主要沿浦东黄浦江和地铁 2 号线站点呈"串珠"式分布。

规划副中心徐家汇的主要腹地位于浦西延安路高架以南的中心城区内，在地铁 9 号线的七宝—九亭—泗泾形成 3 个较显著的飞地，另沿地铁 8 号线在浦东世博园以南也有分布，但密度不高。五角场的主要腹地呈圈层状分布，范围基本局限在虹口、杨浦两区。

新兴的以高新技术产业为主的就业中心漕河泾的主要腹地与徐家汇相似，更偏向地铁 9 号线的七宝—九亭—泗泾。浦东软件园的主要腹地范围更广，在浦东沿地铁 2 号线、6 号线、7 号线分布，浦西则出现若干飞地。

通过上述 6 个典型就业中心比较，发现主要腹地的分布形态呈现以下规律：一是与就业中心的区位有更高相关性，例如徐家汇和漕河泾，这可能与交通条件有关，区位相似的就业中心具有相似的就业者来源地。二是地铁对主要腹地的空间分布有较大影响，与就业中心较远的腹地沿地铁分布的特征更加显著，就业者更加依赖地铁出行。三是黄浦江、延安路高架对主要腹地的空间分布有较明显的分隔作用，黄浦江、延安路高架两侧密度差异明显，但和延安路高架相比，南北高架、内环、中环的空间分隔作用不显著。

5.2 就业中心能级

5.2.1 能级判断的理论和方法依据

5.2.1.1 理论依据

能级判断是空间结构研究的重要内容之一。空间结构可以从空间形式和功能联系两个视角描述，能级也能从这两个视角进行判断。在区域研究中这两个视角的判断始于 Christaller 对重要性和中心性的辨析。当前区域研究中使用这两个视角判断能级已经达成了共识，一般用城市规模表征形态视角的能级，用与区域内其他城市的联系量表征功能视角的能级，Burger 将前者称为节点性（Nodality），后者称为内部中心性（Internal Centrality）（Green，2007；Burger，et al，2012）（详见第 2 章）。虽然用词不同，但仍然可以这样理解，中心地理论中的重要性以及当前区域研究中的形态视角的能级（节点性）其实是从空间形式视角判断能级；中心地理论中的中心性以及当前区域研究中的功能视角的能级（内部中心性）其实是从功能联系视角判断能级。

城市内部空间结构研究判断能级的方法也相似。不同的是空间形式视角能级判断为避免既定空间单元面积的影响，一般用单位面积规模（下文会给出详细论证）。相应的，功能联系视角能级判断也可用单位面积联系量。但这里还存在几个具体问题有待探讨。

一是使用何种数据。就业中心研究往往使用就业密度（单位面积就业规模）区分主次中心（谷一桢 等，2009；孙铁山 等，2012；孙斌栋 等，2013；孙斌栋 等，2014），这是当前公认的做法。但也有学者提出可用经济数据（如单位面积产值、价值区段）、建成环境数据（如建设量、开发强度）等。如商业中心使用设施规模、设施档次就是公认的做法。这其实涉及研究视角的问题，不同数据代表不同视角，会得到不同结论。考虑到本书的功能联系是基于"人流"的功能联系，就业中心识别根据就业中心的公认定义，使用就业密度数据，为保持研究视角一致性，前后内容具有可比性。规模、联系量均使用与"人流"相关的数据。即空间联系视角能级判断使用就业密度数据，功能联系视角能级判断使用就业—居住功能联系数据。

二是功能联系视角能级的高低如何判断。空间形式视角能级判断较简单，就业密度越高能级越高，不会产生争议。功能联系视角能级则较复杂，依据 Burger 的判断方法（详见第 2 章），在区域研究中，与城市自身之外、城市系统内其他城市联系量越大的城市等级（能级）越高。但 Vasanen（2012）认为还应考虑联系的空间范围和空间分布。

联系的空间范围就是面积。例如在城市内部，有 2 个区位相同的中心（都位于城市中心地区），单位面积联系量相同，其中一个中心联系的空间范围仅限于自身周边，面积很小，另一个中心联系的空间范围覆盖整个城市，面积很大。依据一般认知，联系范围越大的中心，空间影响力越大，能级应该更高。因此，忽略联系的空间范围有可能会将联系量大，但联系范围小的中心判断为能级较高的中心。

联系的空间分布是指联系量在空间上的分布。例如在城市内部，有 3 个区位相同的中心，都位于城市中心地区，单位面积联系量相同，且联系的空间范围都能覆盖整个城市，覆盖面积相同。其中一个中心联系量大的地区主要位于人口密度低的地区，另一个中心联系量大的地区主要位于人口密度高的地区，还有一个中心联系量和人口密度呈等比例关系，即人口密度高的地区联系量相应较大，人口密度低的地区联系量相应较小。那么如何判断这 3 个中心的能级？根据 Vasanen 的理论，第 3 个中心的功能联系能"均匀"覆盖整个城市，对城市空间的影响力分布比较"均匀"，这就是一种空间影响力大的表现。对应现实情况，这类中心一般是综合性中心，提供的就业岗位能"兼顾"各类人群需求，相应的能级应更高。

当然还存在另一种观点，认为能与人口密度低的地区产生更多联系的中心可能功能较特殊，比如企业总部，集聚高端生产性服务业就业者（这类就业者收入较高、多居住在低密度住区），能级应较高。为证明这一推测，可再分析中心就业者的社会经济属性，若吸引的是高收入人群，则能级应该较高。但这一判断是基于经验做出的，主要与人口密度低的地区发生联系也有可能是其他原因，比如这一中心位于人口密度低的地区，根据近距离出行多、远距离出行少的规律，自然与人口密度低的地区有更多联系。如果分析人的社会经济属性则会将问题导向另一个研究视角，超出了从功能联系视角判断能级的范畴。不如直接使用中心的单位面积产值更为直观、可靠，失去了使用功能联系数据从功能联系视角判断能级的意义。因此，本书以联系的空间分布是否能"均匀"覆盖整个研究范围为标准，判断能级高低。

从功能联系视角来看，中心联系的空间范围越大、联系的空间分布越均匀，则空间影响力越大，能级越高。

5.2.1.2 方法依据

空间形式视角能级测度方法使用单位面积规模，就业中心使用就业密度，较为简单，这里不再讨论。

功能联系视角能级测度方法做进一步讨论。据上文，从功能联系视角来看，能级越高的中心联系范围大、联系量分布与人口分布越接近。对就业中心来说，就是计算在就业中心工作的就业者居住密度分布与全部就业者居住密度分布的匹配程度，这一方法最早由 Vasanen 提出。

图 5-11 是这一测度方法的直观示意，研究范围内存在 A、B、C 3 个就业中心，灰色代表就业者居住密度，颜色越深密度越高。图 5-11（a）表示在 A 中心工作的就业者居住密度分布，图 5-11（b）表示在 B 中心工作的就业者居住密度分布，图 5-11（c）表示在 3 个中心工作的所有就业者居住密度分布。下面就来比较 A 中心和 B 中心的能级。

从就业者居住密度分布来看，在 3 个中心所有就业者居住密度高的地区，A 中心

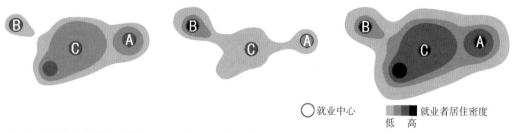

○ 就业中心　　　 就业者居住密度
　　　　　　　　　低　　　高

（a）A中心就业者居住密度分布　　（b）B中心就业者居住密度分布　　（c）3个中心所有就业者居住密度分布

图 5-11　Vasanen 的能级测度方法示意

资料来源：VASANEN A. Functional polycentric：Examining metropolitan spatial structure through the connectivity of urban sub-centers [J]. Urban Studies，2012，49（16）：3627-3644.

就业者居住密度相应也高，两者呈等比例关系；而 B 中心就业者居住密度高的地区主要集中在自身周边。也就是说 A 中心能更加均匀地从各个地区吸引就业者前来工作，所有就业者居住密度越高的地区吸引就业者人数也相应越多，A 中心的空间影响力均匀遍及整个研究范围；而 B 中心的主要影响范围局限在自身周边，对其他地区只能产生微弱影响。据此可以判断 A 中心的能级应比 B 中心高。

具体可通过计算中心的就业者居住密度分布与所有就业者居住密度分布的最小二乘法直线决定系数 R^2 得到定量指标。某一就业中心的就业者居住密度分布未能覆盖整个研究范围，或者分布与所有就业者居住密度分布不一致，R^2 值都会受影响，变得较小。只有该中心的就业者居住密度分布能覆盖整个研究范围，且与所有就业者居住密度分布完全一致，R^2 才会达到最大值 1（当然，现实中不可能存在这种情况）。即最小二乘法直线决定系数是由联系的空间范围和空间分布共同决定的，而且是由两组数据的相对大小决定，避免了空间单元影响。因此，可用 R^2 值定量表征能级。

下文就据此从空间形式和功能联系两个视角测度各就业中心能级。

5.2.2　就业密度视角能级

空间形式的能级用就业密度测度，下文就称为就业密度视角能级，反映的是就业中心单位面积对就业者的吸引力，吸引力越大，能级越高。

城市尺度研究不使用规模而使用密度判断能级是由于面积差异一般远高于密度差异，就业规模（就业密度和面积的乘积）其实由面积大小决定（图 5-12）。为避免面积影响，一般使用密度，即单位面积规模判断能级。

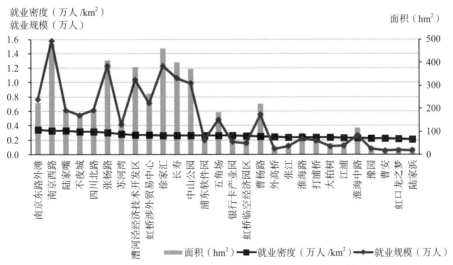

图 5-12　就业中心面积、就业密度、就业规模比较

以各中心平均就业密度表征能级，为便于比较，将就业密度（表5-3）以极小化方法做标准化处理（公式5-1），密度最大的中心能级为1，得到就业密度视角的能级，再用自然间断点分级法将能级分为4个等级，分别表示一级中心、二级中心、三级中心、四级中心（图5-13）。

各中心的等级由城市中心向外递减，表明从就业密度来看，就业中心呈主中心（一级中心）强大的弱多中心体系。一级中心主要分布在地铁2号线沿线，包括南京东路外滩、南京西路、陆家嘴、不夜城、四川北路、张杨路6个就业中心，是传统意义上的城市主中心。二级中心分布相对分散，包括五角场、徐家汇、中山公园等10个就业中心，除了规划城市副中心和地区中心外还有漕河泾、浦东软件园等未在分区规划中出现过的新兴就业中心，这些就业中心从就业密度来看已经达到或超过了城市副中心的等级。三级中心规模较小，包括外高桥、打浦桥、张江等8个就业中心，甚至还有部分传统意义上的城市主中心，如淮海路、淮海中路、大柏树，这些中心单独从就业密度来看能级并未达到规划预期。四级中心包括豫园、曹安、虹口龙之梦、陆家浜，同时也是规模最小的4个中心。

$$L_i = \frac{D_i}{D_{\max}} \tag{5-1}$$

式中　L_i——i 就业中心的能级；

　　　D_i——i 就业中心的就业密度；

　　　$D_{\max}$——密度值最大的就业中心的就业密度。

就业中心就业密度　　　　　　　　　　　　　　　　　　　　表 5-3

名称	就业密度（万人/km²）	名称	就业密度（万人/km²）	名称	就业密度（万人/km²）	名称	就业密度（万人/km²）
南京东路外滩	0.34	南京西路	0.33	陆家嘴	0.33	不夜城	0.32
四川北路	0.31	张杨路	0.30	苏河湾	0.28	漕河泾经济技术开发区	0.27
虹桥涉外贸易中心	0.27	徐家汇	0.27	长寿	0.27	中山公园	0.27
浦东软件园	0.26	五角场	0.26	银行卡产业园	0.26	虹桥临空经济园区	0.26
曹杨路	0.25	外高桥	0.24	张江	0.24	淮海路	0.24
打浦桥	0.24	大柏树	0.24	大连路	0.23	淮海中路	0.23
豫园	0.22	曹安	0.22	虹口龙之梦	0.22	陆家浜	0.21

注：就业密度仅代表识别出的用户值。

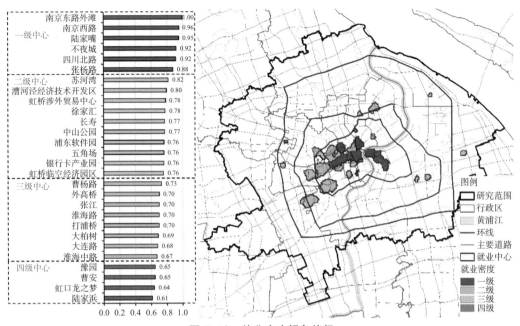

图 5-13　就业密度视角能级

5.2.3　通勤联系视角能级

　　功能联系的能级用就业—居住的通勤联系测度，下文就称为通勤联系视角能级，反映的是就业中心的空间影响力大小。就业中心的就业者居住密度分布面积越大，能从所有就业者居住密度高的地区吸引就业者相应也多，说明功能联系能更均匀覆盖整个研究范围，空间影响力越大，能级越高。

　　具体使用 Vasanen 的方法测度，以虹口龙之梦和外高桥为例。由上文可知，依据就业密度，外高桥的就业密度视角能级位列第三等级，而虹口龙之梦仅位列第四等级（外高桥的就业规模也高于虹口龙之梦）。但依据图 5-14，从通勤联系来看，两者呈现相反的特征，就业密度和就业规模更小的虹口龙之梦就业者来源地更广（在中心城区内能覆盖 144km^2，远高于外高桥的 97km^2），且就业者主要来自中心城区就业者居住集中的地区；外高桥就业者主要来自于自身周边、居住人口本就不多的地区。也就是说虹口龙之梦能更加广泛、均匀地从中心城区各个地区吸引就业者前来工作。说明虹口龙之梦的空间影响力相对能更加均匀遍及整个中心城区，提供的就业岗位能兼顾各类人群需求；而外高桥的空间影响力局限在自身周边有限范围内，对其他地区影响有限。从这点来看，虹口龙之梦的能级应高于外高桥。

　　进一步对上述空间影响力做定量计算。空间影响力越大的中心，其就业者居住密度分布特征是与中心城区就业者居住密度分布一致性越高，计算两者的最小二乘法直线决定系数（R^2）。以密度图使用的 200m×200m 栅格为空间单元，分别计算虹口龙之梦就业者居住密度分布和中心城区就业者居住密度分布的 R^2，以及外高桥就业者居住密度分布和中心城区就业者居住密度分布的 R^2。图 5-15 中每个散点表示中心城区内的一个栅格，横坐标表示某一就业中心的就业者居住密度在各栅格上的值，纵坐标表示中心城区就业者居住密度在各栅格上的值。若某一中心就业者居住密度与中心城区就业者居住密度分布完全一致，散点应分布在一条直线上，此时 R^2 为 1。但现实中并不存在这种情况，因此只要两者分布趋势越接近，R^2 越高，越趋近于 1。两者分布趋势差异越大，包括该中心的就业者居住密度为 0 也是一种差异的表现，则 R^2 越小，越趋近于 0。根据计算，虹口龙之梦的 R^2 为 0.0397，外高桥的 R^2 仅为 0.0004。定量证明了上文判断的结论，即虹口龙之梦能级高于外高桥。其余 26 个就业中心的 R^2 如表 5-4 所示。

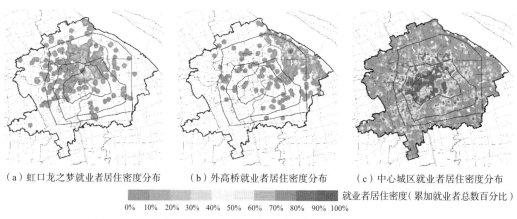

（a）虹口龙之梦就业者居住密度分布　　（b）外高桥就业者居住密度分布　　（c）中心城区就业者居住密度分布

就业者居住密度（累加就业者总数百分比）

0%　10%　20%　30%　40%　50%　60%　70%　80%　90%　100%

图 5-14　虹口龙之梦、外高桥、中心城区就业者居住密度分布比较

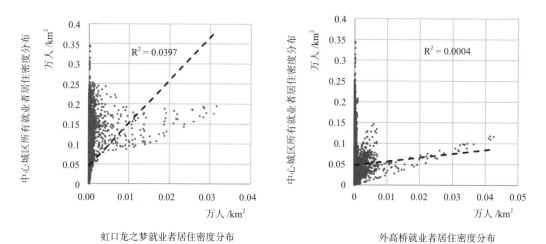

虹口龙之梦就业者居住密度分布　　外高桥就业者居住密度分布

图 5-15　虹口龙之梦、外高桥 R^2 计算

将各就业中心的 R^2 以极小化方法做标准化处理，R^2 最大的中心能级为 1，得到通勤联系视角的能级，再用自然间断点分级法将能级分为 4 个等级。如图 5-16 所示，从通勤联系视角来看，就业中心仍然呈主中心强大的弱多中心体系。与就业密度视角能级相比，一级、二级中心更加向内环内集聚，南京西路仍然是一级中心，陆家嘴、南京东路外滩、张杨路、四川北路、不夜城 5 个中心降为二级中心，说明南京西路不仅单位面积对就业者的吸引力较强，对就业者的空间影响力也较大。淮海路和淮海中路升为二级中心，规划副中心五角场降为三级中心，说明五角场与前两个中心相比，就业密度虽不低，但空间影

就业中心 R^2 　　　　　　　　　　　　　　　　　　　表 5-4

名称	R^2	名称	R^2	名称	R^2	名称	R^2
南京西路	0.1655	长寿	0.1089	淮海中路	0.0976	中山公园	0.0961
不夜城	0.0873	曹杨路	0.0862	四川北路	0.0833	张杨路	0.0761
淮海路	0.0743	陆家嘴	0.0723	虹桥涉外贸易中心	0.0677	南京东路外滩	0.0670
苏河湾	0.0650	徐家汇	0.0578	大连路	0.0473	漕河泾经济技术开发区	0.0463
虹桥临空经济园区	0.0462	张江	0.0447	五角场	0.0407	虹口龙之梦	0.0397
豫园	0.0364	陆家浜	0.0360	大柏树	0.0310	打浦桥	0.0297
浦东软件园	0.0247	曹安	0.0089	银行卡产业园	0.0066	外高桥	0.0004

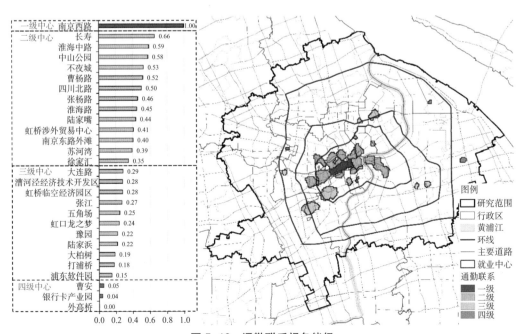

图 5-16　通勤联系视角能级

响力有限，图 5-10 中五角场的主要腹地仅局限于杨浦区、虹口区也证明了这一点。曹安、银行卡产业园、外高桥 3 个中心是四级中心，其偏于外环周边，空间影响力自然也有限。

5.2.4 两个视角能级比较

就业密度和通勤联系是从不同视角反映就业中心的能级。由图 5-17 可发现，单位面积吸引力越大的中心功能联系一般也能更均匀覆盖整个研究范围，空间影响力一般也越大。但两者还是存在一定差异，部分就业密度较高的中心通勤联系视角能级却较低。例如陆家嘴，就业密度视角能级位于第一等级，但由于其腹地主要在居住密度并不高的浦东，从通勤联系来看陆家嘴的空间影响力未能涉及整个中心城区，能级低于淮海中路、中山公园、四川北路这些就业密度低于陆家嘴的中心。当然由于就业通勤存在近距离出行多、远距离出行少的规律，位于人口密度较高的浦西内环以内的就业中心，通勤联系视角能级自然也较高。

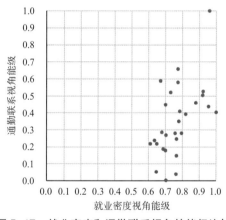

图 5-17 就业密度和通勤联系视角的能级比较

需要说明的是上述能级判断并未考虑就业中心的经济属性，评价结果可能会与一般认知有所不同。例如从价值区段来看，陆家嘴是高端生产性服务业集聚中心，其等级应在全国甚至全球层面进行定位，而本书判断其等级并非最高。这是因为本研究关注由人的活动形成的城市空间结构，上述问题属于另一个研究议题，不属于本书研究范畴。

5.3 就业中心势力范围

5.3.1 势力范围划分的理论和方法依据

势力范围划分是区域空间结构的常规研究内容，其实质是测度各中心城市的空间影响力大小，由此将区域划分为若干个中心城市的势力范围，作为统筹区域发展政策的依据（Huff，1973）。当前区域空间结构研究中往往使用引力模型中的 Huff 的概率模型测度中心城市的势力范围（Huff，1973；Huff，*et al*，1979；Huff，*et al*，1995；顾朝林 等，2008；何丹 等，2011；邱岳 等，2011）。

其实 Huff 模型最早出现在城市"内部"商圈研究中 [①]。但使用 Huff 模型划分势力范围并未成为城市内部空间结构研究的常规内容。这是由于 Huff 模型在区域空间结构研究中成为划分势力范围的常规方法得益于对中心城市势力范围划分的需求。在城市内部空间结构研究中虽然也有类似需求，例如需要依据不同等级设施的服务半径进行设施布点，但更倾向于将中心地理论作为理论依据，根据人的"合理"出行半径确定设施位置，形成规划中的服务半径指标、公共服务设施千人指标。因此，势力范围研究更多的被认为是商圈而非空间结构的研究内容。

但现实中设施如何被使用？设施的服务范围是否如规划预期？由于城市尺度数据获取难度远高于区域，这些问题其实很难回答，相关研究也比较缺乏。而在城乡规划实践中也只能依据主观经验推测设施的现状服务水平，再依据规划标准进行优化配置，尚无更好地方法。

借助就业—居住功能联系数据，从功能联系描述空间结构，回答上述问题并非难事。笔者将区域空间结构研究中的势力范围划分思想引入城市内部空间结构研究，测度各中心势力范围。

5.3.2 势力范围划分

腹地反映的是城市中心吸引和辐射力，势力范围是比较各城市中心对不同地区的

---

① Huff 提出消费者前往某一商业中心消费的概率与该商业中心对消费者的吸引力呈正比，与消费者去商业中心的时间成反比，由此构建了概率模型（Huff，1962）。

$$P_{ij} = \frac{S_j T_{ij}^{-\lambda}}{\sum_{j=1}^{n} S_j T_{ij}^{-\lambda}} \qquad (5\text{-}2)$$

$$\sum_{j=1}^{n} P_{ij} = 1$$

式中 P_{ij} ——i 地属于中心 j 势力范围的概率；

S_j ——中心 j 的规模；

T_{ij} ——i 地与中心 j 之间的距离；

λ ——距离衰减系数；

n ——商业中心的数量。

Huff 模型中有两个变量（规模和距离），一个参数（距离衰减系数）。其中规模变量根据效用理论确定为商业中心的设施面积；距离变量是真实值，以 i 地到 j 的时间或路程表示，可实测得到；距离衰减系数通过实际调查得到，具体方法为调查 3 个社区居民到 14 个商业中心的实际比例，将其与使用不同距离衰减系数计算得到的期望比例拟合，取能得到最高线性相关系数的距离衰减系数。最后用这两个变量和一个参数预测商业中心的经营效益。

吸引和辐射力大小。就业中心势力范围是指就业中心吸引和辐射力占优势的地区，能直观反映不同地区居民主要前往哪个就业中心工作。可在腹地的基础上，通过计算每个空间单元中前往各就业中心的就业者比例将上海中心城区划分为 28 个就业中心的势力范围。因统计人数的空间单元相同，都是 200m×200m 的栅格，所以直接用密度进行比较，以栅格为单元划分势力范围。以第 56432 号栅格为例，各中心就业者居住密度在该栅格上的值如表 5-5 所示，南京西路最高，该栅格属于南京西路的势力范围。据此每个栅格都可确定属于哪个就业中心的势力范围，得到就业中心势力范围（图 5-18）。

再引入争夺区的概念，描述就业中心势力范围是否占绝对主导。仍然以 56432 号栅格为例，虽然该栅格属于南京西路的势力范围，但其就业者居住密度只占所有就业中心就业者居住密度的 22%。为判断 22% 的比例是否已经占绝对优势，这里借用位序—规模法则：采用 Zipf 的理想模式，第 2 位的值是第 1 位的 1/2，第 3 位的值是第 1 位的 1/3，……。就业中心总数为 28 个，首位就业中心的就业者居住密度应占所有就业中心就业者居住密度总和的 25%（公式 5-3），若高于 25% 则占绝对优势，小于 25% 则不占绝对优势。因此南京西路在该栅格的势力范围不占绝对主导，该栅格是多个就业中心的势力范围争夺区。据此每个栅格都可确定是否属于势力范围争夺区（图 5-19）。最后去除争夺区（约占中心城区面积的 25.6%），得到就业中心占绝对主导的势力范围（图 5-20）。

$$P = \frac{1}{\sum_{n=1}^{n} \frac{1}{n}}$$ (5-3)

式中 P ——密度值最高的中心应占所有中心密度值总和的百分比；

　　 n ——就业中心数量。

由就业中心势力范围分析可得到以下结论：①多数中心自身就是其势力范围（豫园除外，豫园在中心城区内无势力范围）；②黄浦江对势力范围的空间分隔作用较明显，浦西、浦东的就业中心基本被局限在各自范围内；③势力范围沿地铁分布较显著，部分中心沿地铁在离自身较远的地区形成势力范围飞地；④离中心较远、有地铁覆盖的地区势力范围争夺较激烈。

具体来看，中心城区北部的大部分地区是五角场、不夜城、长寿等就业中心的势力范围，呈沿地铁纵向分布的形态，南京西路沿地铁 7 号线占据部分势力范围。但考虑争夺区后这些就业中心的势力范围被局限在自身周边 1~3km 范围内，五角场势力范围最大，占绝对主导的势力范围达到了 37km²，这与五角场偏于西北角，无其他就业中心与其争夺势力范围有一定关系。中心城区西部的势力范围分布形态与北部相似，虹桥涉外贸易中心、中山公园、漕河泾等就业中心的势力范围沿地铁分布，不同的是这些地区势力范围争夺区较少。特别是漕河泾，基本没有其他就业中心与其争夺势力范围，势力范围分布形态与主要腹地相似，面积达到了 131km²。浦东大部分地区是张杨路的势力范围，但在上南、三林和金桥等地区势力范围不占主导，这些地区离就业中心都较远，有地铁通过，就业者的工作地较分散。金桥地区是浦东多个就业中心的势力范围交替区，这与该地区前往浦东各就业中心都不方便有关。集聚于内环内的就业中心由于势力范围相互影响，各自的势力范围都较小，受通勤距离制约，除南京西路和陆家嘴外，也未在内环以外参与其他就业中心的势力范围争夺。

从就业中心和势力范围的整体分布形态来看，并未呈现如中心地理论所描述的相同等级中心在空间上按一定距离均匀分布，市场区（势力范围）呈六边形网络，而是向心集聚，沿地铁不规则分布。这是由于中心地理论描述的对象是商业中心及其市场区，对就业中心可能并不适用（第 6 章还将继续对商业中心体系是否符合中心地理论做探讨）。当然本书所指的就业中心仅限于面积大于 19hm² 的就业中心，城市内部各种条件过于复杂，现状就业中心并不是理想的多中心体系，中心地理论的诸多假设条件不成立也是主要原因。

56432 号栅格中各中心就业者居住密度 表 5-5

名称	就业者居住密度（万人 /km²）	就业者居住密度占比	名称	就业者居住密度（万人 /km²）	就业者居住密度占比	名称	就业者居住密度（万人 /km²）	就业者居住密度占比
南京西路	0.00149	22%	不夜城	0.00096	14%	虹桥涉外贸易中心	0.00077	11%
苏河湾	0.00052	8%	长寿	0.00049	7%	中山公园	0.00041	6%
四川北路	0.0004	6%	大柏树	0.00032	5%	五角场	0.00025	4%
张杨路	0.00024	4%	曹杨路	0.00019	3%	虹桥临空经济园区	0.00016	2%
淮海中路	0.00015	2%	南京东路外滩	0.00011	2%	虹口龙之梦	0.00008	1%
浦东软件园	0.00008	1%	徐家汇	0.00008	1%	张江	0.00008	1%
外高桥	0.00005	1%	曹安	0	0%	漕河泾经济技术开发区	0	0%
打浦桥	0	0%	淮海路	0	0%	大连路	0	0%
陆家浜	0	0%	陆家嘴	0	0%	银行卡产业园	0	0%
豫园	0	0%						

注：居住密度仅代表识别出的用户值。

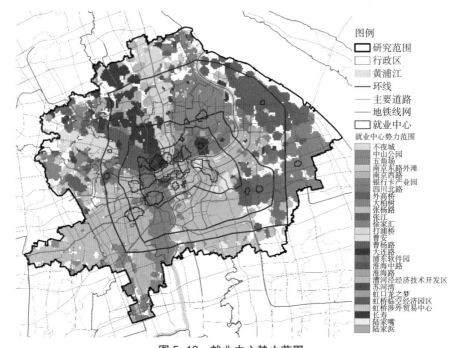

图例
研究范围
行政区
黄浦江
环线
主要道路
地铁线网
就业中心
就业中心势力范围
不夜城
中山公园
五角场
南京东路外滩
南京西路
银行卡产业园
四川北路
外高桥
大柏树
张杨路
张江
徐家汇
打浦桥
曹杨路
曹安路
大连路
浦东软件园
淮海中路
淮海路
漕河泾经济技术开发区
苏河湾
虹口龙之梦
虹桥临空经济园区
虹桥涉外贸易中心
长寿
陆家嘴
陆家浜

图 5-18 就业中心势力范围

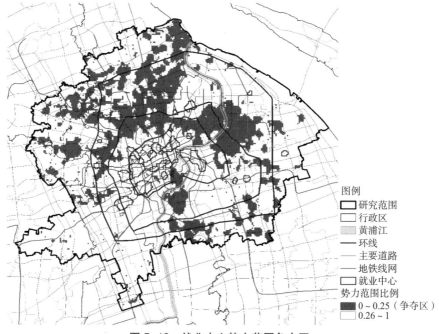

图例
研究范围
行政区
黄浦江
环线
主要道路
地铁线网
就业中心
势力范围比例
0~0.25(争夺区)
0.26~1

图 5-19 就业中心势力范围争夺区

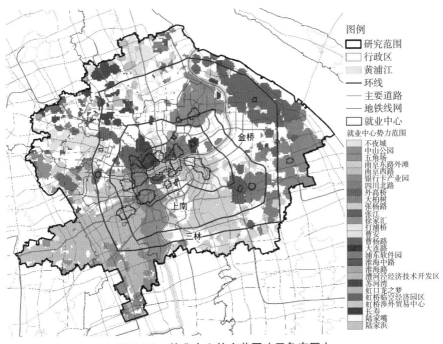

图 5-20 就业中心势力范围（无争夺区）

5.3.3 Huff 模型验证

Huff 模型的产生有其特定的时代背景：在整体数据难以获取的条件下，通过小规模调研，获取消费者出行数据，拟合距离衰减系数，就可描述现状所有商业中心的商圈范围。此后，Huff 将模型推广到区域研究时，由于规模变量使用综合指标，且出行数据较难获取，只能依据主观经验将距离衰减系数直接取 2（Huff，1973），后来又提出高等级城市距离衰减系数应较小，可取 1，低等级城市距离衰减系数应较大，可取 3，等级位于两者之间的城市可取 2（Huff, *et al*, 1979）。距离衰减系数取值在 1 到 3 之间也成为后来区域研究中的公认标准。但距离衰减系数是距离的指数，对结果的影响远高于规模变量，取 1 还是取 3 结果会有显著差异。

当前区域研究中获取联系数据已经成为可能，若需分析现状中心城市势力范围，使用真实数据应比使用Huff模型更加可信，甚至有学者提出可以不需要传统模型（Ratti, *et al*, 2006）。笔者认为传统模型是对一般规律的总结，未来其价值可能更多在于预测。即可使用真实数据拟合 Huff 模型的距离衰减系数，用校正后的距离衰减系数预测未来中心城市的势力范围，评估规划方案是否有助于实现规划目标。

据此，笔者使用就业—居住功能联系数据验证 Huff 模型，检验 Huff 模型是否在当前多中心城市中仍然适用，就业中心势力范围是否也符合 Huff 模型定律，并校正距离衰减系数。

首先依据 Huff 模型的两个定律（吸引力和规模呈正比，和距离成反比）验证模型。吸引力在这里是指各就业中心吸引就业者前来工作的能力，故吸引力大小可用从就业中心自身之外吸引到的就业者人数表征，吸引人数越多，吸引力越大。规模应当指就业中心的设施面积，但该数据无法获取，考虑到上海中心城区开发强度普遍较高，一般土地面积越大，设施面积也越大，可用就业中心范围的面积代替设施面积，表征就业中心规模。由图 5-21（a）可见，两者呈线性正相关，相关系数高达 0.99。再以100m 为间隔，统计所有就业中心每隔 100m 圈层 [①] 内的就业者居住人数，反映就业中心吸引力随距离衰减的变化。由图 5-21（b）可见，两者成幂函数负相关。证明了当前就业多中心体系下的就业中心势力范围也基本符合 Huff 模型定律。

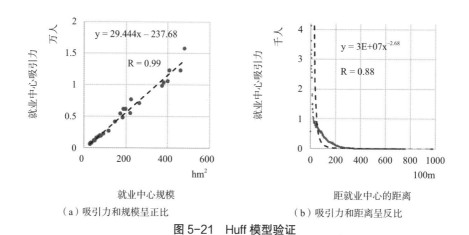

图 5-21　Huff 模型验证

吸引力和规模呈正比、和距离成反比属于一般定律，若无特殊情况都是成立的，在学术界争议不大。使用 Huff 模型最大的争议在于距离衰减系数如何取值。本书使用 Huff 的原始做法计算距离衰减系数。使用 Huff 模型，规模变量取就业人数，距离衰减系数从 0.1 开始取到 9.9（超出这一区间为异常值不再计算）。在距离衰减系数取值相同的情况下，每一栅格都有 28 个就业中心的吸引力值。将其与用手机信令数据计算得到的该栅格内 28 个就业中心的就业者居住人数求线性相关系数，每个栅格可得到 98 个相关系数，在能通过 1% 显著性水平检验的相关系数中取最大值，其对应的距离衰减系数就是该栅格校正后的距离衰减系数。仍然以 56432 号栅格为例，距离衰减系数取 2.1 时相关系数为 0.61 达到最大值，该栅格拟合的距离衰减系数就是 2.1。中心城区内 30168 个栅格依次计算，得到所有栅格的距离衰减系数。

---

① 城市内部就业中心不能抽象为点，与就业中心的距离是计算到就业中心边界的最短网络距离。

　　将距离衰减系数显示在空间上（图 5-22），每个栅格的距离衰减系数都不同，整体上由城市中心向外逐渐增大。这是由于离中心较近的栅格交通条件较好，通勤的空间阻力比外环周边地区小，符合一般认知。外环外有较多未能通过 1% 显著性水平检验的地区（图中白色部分）。这也证明了距离衰减系数与交通条件相关的假设。从数值分布上来看，距离衰减系数集中在 1.0 到 5.0 之间（图 5-23），求平均值后得到就业—居住活动的距离衰减系数为 3.0。

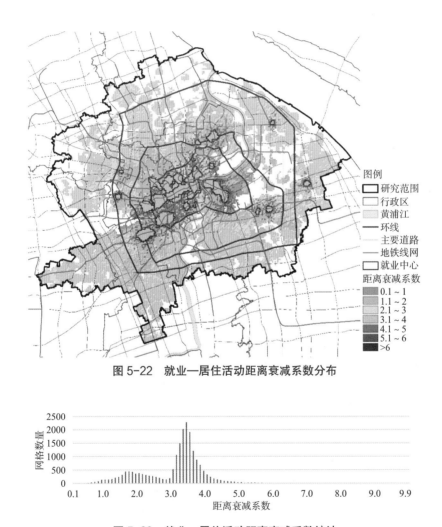

图 5-22　就业—居住活动距离衰减系数分布

图 5-23　就业—居住活动距离衰减系数统计

　　以就业人数为规模变量，距离衰减系数取 3.0，使用 Huff 模型计算各就业中心的理论势力范围。同样引入争夺区的概念，将最高密度占比小于 0.25 的栅格作为势力范围的争夺区，得到就业中心占主导的理论势力范围（图 5-24）。同时在上述非争夺区内显示用手机信令数据计算得到的势力范围，表示真实的就业中心势力范围（图 5-25）。

两者在非争夺区内有 71.9% 的栅格所属势力范围相同，即理论值和真实值相似性达到 71.9%。

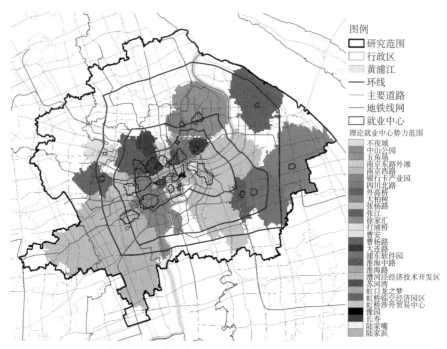

图 5-24　就业中心理论势力范围（无争夺区）

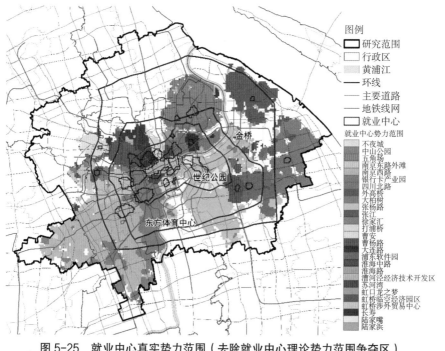

图 5-25　就业中心真实势力范围（去除就业中心理论势力范围争夺区）

　　两者不相同的地方主要是虹桥临空经济园区周边实际是虹桥涉外贸易中心的势力范围，五角场西北角实际是虹口龙之梦的势力范围，浦东东方体育中心以北实际更多是张杨路的势力范围，世纪公园周边实际是陆家嘴的势力范围，北外滩实际是四川北路的势力范围，金桥实际是多个就业中心的势力范围交替区。存在上述差异的地区基本都有地铁通过。本书使用的距离是道路网和地铁线网的网络空间距离[①]，因地铁通勤可能更加便捷、时间可控（不存在公交候车时间不确定、小汽车出行交通拥堵等问题），使得有地铁服务的地区，真实势力范围会沿地铁连绵或出现飞地。

　　虽然存在差异，但差异的原因可解释，且两者相似度较高。若规划新的就业中心，或调整现有就业中心规模，抑或是调整交通网络。使用 Huff 模型，规模变量取就业人数，距离衰减系数取 3.0，可对规划就业中心将会形成的势力范围进行预测，准确率可达 71.9%。

5.4　现状缺少就业中心的地区

　　多中心体系是规划希望实现的目标，也是就业中心体系发展的价值导向。现状就业中心还有待于继续向多中心体系发展。通过上文分析，虽然从空间上已经发现外环周边地区缺少就业中心，但仍需要更准确地知道缺少就业中心的地区的具体位置，这样规划才能有的放矢。

　　一般来说，若某一地区居民前往就业中心的通勤距离较远，且该地区居住密度又较高，则该地区居民对就业中心需求强烈。据此，首先按代表居住地的基站计算就业者前往就业中心的平均通勤距离，再以反距离权重法做空间插值，得到就业者前往就业中心的通勤距离分布（图 5-26），该分布呈由中心向外圈层递增的特征。中心城区北部南翔—宝山新城一带、中心城区西南部泗泾—九亭一带，以及中心城区南部三林—康桥等地超过平均值 11442m，说明这些地区居民前往就业中心需要通勤距离较远，承担较高通勤成本。随后依据中心城区的就业者居住密度，选出超过平均密度的地区，与上述超过平均距离的地区叠加，筛选出缺少就业中心的地区（图 5-27）。这些地区主要是浦西北部的友谊路街道、庙行、大场，西部的华漕镇、九亭、莘庄；浦东北部的外高桥、金桥，西部的曹路镇，中部的张江，南部的三林等地。上述地区并非没有就业中心，只是就业活动集聚程度没有达到就业中心识别要求。

---

① 因道路拥堵、地铁换乘等因素影响，实际很难准确确定道路和地铁上的行进速度，本书的距离取网络上的空间距离。

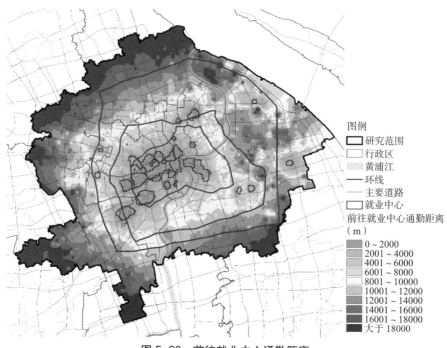

图 5-26 前往就业中心通勤距离

图 5-27 缺少就业中心地区

5.5　就业中心体系影响机制

5.5.1　就业中心空间影响机制

据上文，从空间分布来看，就业中心主要集聚在内环内，呈弱多中心体系。各中心的主要腹地和势力范围分布与地铁有较强相关性，部分中心沿地铁在离自身较远的地区形成势力范围的飞地。因此，地铁并未促进就业中心向多中心体系发展，反而加剧了就业中心的向心集聚。将使用地铁刷卡数据得到的就业—居住功能联系数据按地铁线网距离最短原则分配路径，得到的由居住地站点到工作地站点的地铁线网流量（图5-28）也证明了这点。进入内环的流量远高于反向流量（两者相差 3.7 倍），特别是连接张江地区与内环的地铁 2 号线，连接宝山新城与内环、连接南站地区与内环的地铁1 号线，连接泗泾与内环的地铁 9 号线；7 号和 11 号线北段、8 号线南段也比较明显。说明使用地铁通勤存在往来于内环与外环周边地区的潮汐交通。

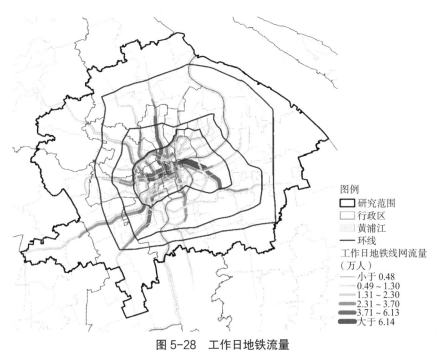

图 5-28　工作日地铁流量

注：每条地铁线路都分上行和下行流量，流量按自然间断点分级法分为 6 个等级，仅代表识别出的用户值。

因历史上就业岗位集聚于人民广场以东，1990 年代后发展起来的陆家嘴金融中心也紧邻城市中心地区，受集聚经济规律影响，城市在向外扩张过程中就业功能自发外迁难度远大于居住功能，向内环内的通勤一直是通勤的主要流向。为满足这种需求，地铁和道路布局形成了单中心形态。以中心城区内每个栅格到其他所有栅格的最短网络距离和的倒数计算可达性，并以极小化方法做标准化处理，可达性最高的栅格值为1。由图 5-29 可见，可达性呈以人民广场偏西南 4000 米处为圆心的同心圆圈层状，陆家嘴、南京西路、徐家汇等 18 个就业中心都位于可达性最高的圈层内。

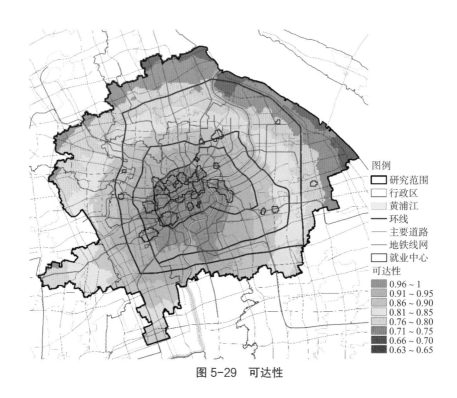

图 5-29　可达性

交通网络的这种单中心形态使内环与外环周边地区的可达性差异被拉大，内环的区位优势更加显著，受传统就业中心业已形成的集聚经济影响，就业岗位愈发向内环集聚（近年来上海内环内的城市更新很多是将居住功能转变为就业功能）。这反过来又加剧了通向内环的通勤量，导致外环周边地区与内环产生了大量潮汐式通勤联系。使用手机信令数据计算作为居住地的基站平均通勤距离，以反距离权重法做空间插值分析，表示就业者从居住地到工作地的平均通勤距离空间分布特征（图 5-30），也证明了这点：居住地平均通勤距离的分布与可达性呈现的同心圆圈层较一致。

因此，就业中心空间上的弱多中心体系与交通网络的单中心形态密切相关，是在两者的长期作用与反作用过程，以及背后集聚经济规律、对传统中心的路径依赖的共同作用下形成的。

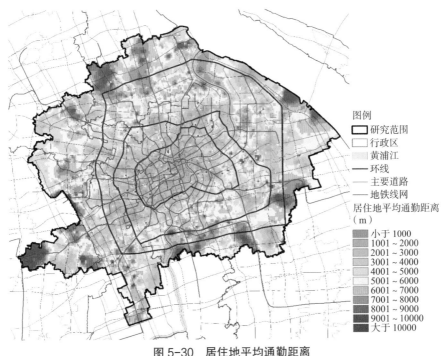

图 5-30　居住地平均通勤距离

5.5.2　就业中心能级影响机制

（1）就业中心能级和社会经济属性的关系

虽然本书是基于"人流"的功能联系研究就业中心，不考虑经济属性对就业中心能级的影响。但一般来说空间影响力较大的中心往往高端生产性服务业集聚，就业者受教育水平较高、收入较高，多数居住在基础设施较好的城市中心地区。这些地区往往人口高度密集，反过来又使得这类就业者集聚的中心在中心城区内都有一定的空间影响力，相应的通勤联系视角能级可能较高。

基于上述假设，能级可能与就业中心的社会经济属性有些相关性。因手机信令数据没有个体社会经济属性，笔者结合六普数据，将各街道的居民社会经济属性（附录 D）赋予识别到居住地的用户。由此可估算各就业中心就业者的外来人口比例、青年[1] 比例、大学以上学历比例、生产性服务业[2] 从业比例、租房比例，分析其与就业密度和通勤联系两个视角能级的关系。表 5-6 可见，就业密度视角能级与这 5 个社会经济属性无关，说明就业中心单位面积对就业者的吸引力只是一种空间集聚现象，基本

---

①　依据联合国世界卫生组织的标准，44 岁及以下为青年，45 ~ 59 岁为中年。本书将 20 ~ 44 岁作为青年就业者，45 ~ 59 岁作为中年就业者。

②　生产性服务业从业者是指六普长表数据（10% 抽样）中，按职业大类分类的国家机关、党群组织、企业、事业单位负责人、专业技术人员、办事人员和有关人员。

不受社会经济因素影响。通勤联系视角能级与外来人口比例、青年比例呈反比，与大学以上学历比例、生产性服务业从业比例呈正比，说明通勤联系视角能级较高的中心呈现的特征是有较多本地户籍的就业者，就业者年龄在 45～60 岁的居多、受教育水平较高、多从事生产性服务业，与假设基本相符。相反。通勤联系视角能级较低的中心一般有较多年轻、受教育水平较低、多从事生活性服务业的非本地户籍就业者。

就业中心能级与社会经济属性　　　　　　　表 5-6

	外来人口比例	青年比例	大学以上学历比例	生产性服务业从业比例	租房比例
就业密度视角能级	−0.100	−0.085	0.141	0.209	0.051
通勤联系视角能级	−0.548**	−0.518**	0.379*	0.396*	−0.192

**. 在 0.01 水平（双侧）上显著相关

*. 在 0.05 水平（双侧）上显著相关

（2）就业中心等级和服务范围的关系

一般来说等级越高的中心服务面积越大，能服务的人口也越多。将各就业中心的主要腹地作为服务范围，计算面积和覆盖人口。由图 5-31 可见，就业中心服务范围存在随通勤联系视角等级提高而增大的趋势。一级中心南京西路服务范围面积 239km²，覆盖 733 万人口，是所有中心中最高的；二级中心基本在 150km²，400 万人口；三级中心基本在 120km²，300 万人口；四级中心基本在 50km²，60 万人口以下。但也有例外，例如二级中心淮海路的服务范围面积和覆盖人口远大于其余二级中心，接近一级中心；三级中心张江、浦东软件园甚至超过很多二级中心。就业密度视角等级和服务范围更加不匹配，基本无规律可循。

这是由于服务范围是由就业中心的产业类型、区位、交通条件等多种因素决定的，就业密度只是一种就业活动的空间集聚现象，据此判断的等级与上述因素无直接或间接因果关系。通勤联系也类似，不同的是其能级其实会受到交通条件间接影响（等级较高的中心需要较好的交通条件，才有可能从就业者居住密度高的地区吸引就业者前来工作），故等级与服务范围呈现出了一定的相关性。但总的来说，基于"人流"的功能联系判断的等级并不是服务范围的直接影响因素。例如淮海路邻近城市中心，有多条地铁线通过，高端生产性服务业集聚，其服务范围自然较大。张江和浦东软件园位于浦东内环外，无论从区位还是交通条件来看都不如中心城内的就业中心，但这两个就业中心的主导产业都是与 IT 相关的高科技产业，对就业者的相关专业技术要求较高，要从全市范围吸引具有相关技术能力的就业者。具有专业技术的就业者就业选择余地也较小，无论通勤距离远近都需要前来就业，因此就业者来源地较广泛。此外这一地区只有这两个就业中心，还需要满足浦东中心城区南部的就业需求，服务范围自然较大。

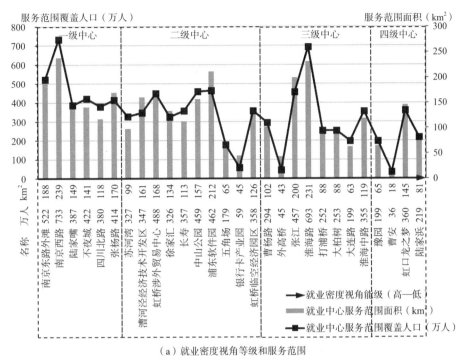

（a）就业密度视角等级和服务范围

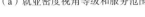

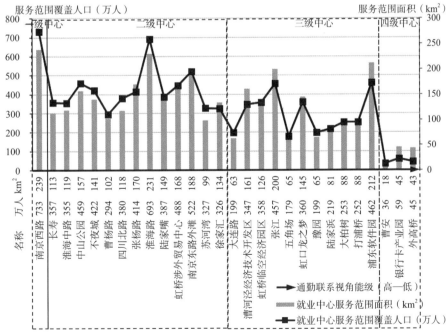

（b）通勤联系视角等级和服务范围

图 5-31　就业中心服务范围

（3）等级和平均通勤距离的关系

根据一般认知，高等级就业中心往往会伴随职住分离、长距离通勤的问题，现实是否如此？依据就业者居住地和工作地的网络距离计算平均通勤距离，发现就业中心的平均通勤距离大于中心城区平均值4.5km（图5-32），说明就业中心对就业功能的集聚确实会增加通勤距离，但无论从就业密度还是通勤联系来看，平均通勤距离随等级增大而增加的趋势并不显著。平均通勤距离最长的张江高达10.2km，其次是浦东软件

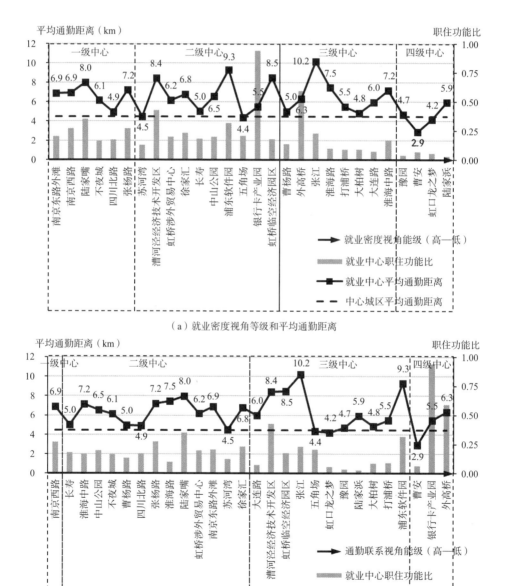

（a）就业密度视角等级和平均通勤距离

（b）通勤联系视角等级和平均通勤距离

图 5-32　就业中心平均通勤距离

园 9.3km，都不是等级最高的中心，一级中心南京西路只有 6.9km，二级中心徐家汇和中山公园分别只有 6.8km 和 6.5km，甚至低于很多三级中心。

根据 McMillen 的研究，就业者一般会愿意承担更高的住房成本居住在工作地附近以减少通勤成本（McMillen，1998）。这一理论成立的前提是就业中心及其周边地区能够为就业者提供充足的居住选择。依据这一思路，计算就业中心的就业与居住功能（下文简称职住功能）比（以就业中心就业人数与周边 1000m 网络距离范围内的居住人数之比估算），发现其与平均通勤距离有较高相关性，特别是一级中心和二级中心。除位于人口密度较低的产业园中的外高桥、银行卡产业园、张江外，其余中心的职住功能比和平均通勤距离的相关系数达到了 0.68。验证了 McMillen 的理论：若能在就业中心及其周边配套相应的居住功能、提高职住功能混合度，就有可能引导更多就业者在工作地附近居住。同样，若能在大型居住区附近建设就业中心，即使中心等级较低，也有可能引导更多就业者在居住地附近工作，从而减少通勤距离，缓解因长距离通勤引起的交通压力。

5.5.3 就业中心政策影响机制

城市发展虽然受到交通条件、经济规律等因素影响，但归根结底，政策影响不可忽略。上海中心城区就业中心体系形成最直接的政策影响因素便是上海中心城"一主四副"城市中心、26 个地区中心的公共活动中心体系规划。该规划在 1999 年版总规的多中心空间结构基础上，由 2004 年版分区规划具体落实。主中心包括内环内的人民广场、南京西路、陆家嘴等 12 个中心；副中心包括徐家汇、江湾—五角场、花木、真如 4 个中心；26 个地区中心包括打浦桥、大宁、中山公园等；此外还有两个市级专业中心——大柏树工贸中心和虹桥涉外贸易中心。此后 10 年，中心城都是按照这一目标建设公共活动中心。公共活动中心功能包括就业、商业、文化等，不等同于就业中心，和就业中心在位置、等级等方面存在错位。实际实施中，就业中心建设会优先考虑公共活动中心，特别是市级中心，即使未规划就业功能，最后一般都会发展为综合功能的中心。因此，可用规划公共活动中心体系来判断规划对现状就业中心体系的影响。

从现状就业中心和规划公共活动中心的比较上来看（图 5-33、表 5-7），现状 28 个就业中心中有 17 个与规划大致吻合。虽然范围上存在一定偏差，但规划主中心和专业中心的就业功能均已形成。规划副中心徐家汇的就业功能也已形成，江湾—五角场的五角场部分已发展了就业功能，花木实际建设中转变为文化中心而未能识别为就业中心，真如还在建设中；规划地区中心基本都定位为商业中心，且就业中心识别结果排除了面积小于 19hm² 以下的中心，因此仅有中山公园、长寿和打浦桥 3 个地区中心被识别为就业中心，其能级必然已超出规划定位。

公共活动中心体系规划对现状就业中心形成起到了一定引导作用。但现状就业中心仍然呈弱多中心体系（单中心体系特征较明显）。这是由于规划公共活动中心的等级呈较显著的单中心分布特征。主中心过于集聚在内环地铁 2 号线沿线，4 个副中心的规模总和仅有主中心的 63.7%，专业中心规模有限，26 个地区中心规模都较小。但更主要的原因在于规划并未将公共活动中心的就业和商业功能单独考虑，地区中心除打浦桥和中山公园外均为商业功能，可以说规划其实并未构建完善的就业中心体系。从而导致实际就业功能都向内环集聚，就业中心沿地铁 2 号线沿线分布与规划高度一致；副中心和专业中心对就业功能的疏解作用有限；地区中心基本没有起到引导就业中心向多中心体系发展的作用。

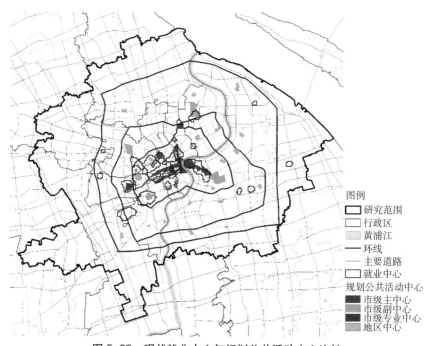

图 5-33　现状就业中心与规划公共活动中心比较

规划公共活动中心就业功能实现情况　　　　　　　　　　表 5-7

规划等级		名称	规划功能	规划实施情况	备注
市级中心	主中心	豫园市级商业中心	商业	实现	—
		人民广场市政文化中心	就业	实现	—
		金陵东路市级商业街	商业	实现	—
		南京西路市级商业街	综合	实现	—
		南京东路市级商业街	商业	实现	—

续表

规划等级		名称	规划功能	规划实施情况	备注
市级中心	主中心	淮海路市级商业街	综合	实现	—
		淮海中路市级商业街	商业	实现	—
		中央商务区（外滩部分）	就业	实现	—
		四川北路市级商业街	综合	实现	—
		不夜城市级商业中心	商业	实现	—
		中央商务区（陆家嘴部分）	综合	实现	—
		张杨路市级商业街	商业	实现	—
	副中心	徐家汇市级副中心	综合	实现	—
		江湾—五角场市级副中心	商业	实现	江湾未建
		花木市级副中心	综合	未实现	实际成为文化中心
		真如市级副中心	综合	未实现	—
	专业中心	大柏树市级工贸中心	商业	实现	—
		虹桥市级涉外贸易中心	就业	实现	—
地区级中心		打浦桥地区中心	综合	实现	超出规划等级
		大宁地区中心	商业	—	—
		古美地区中心	商业	—	—
		南站地区中心	商业	—	—
		龙华地区中心	商业	—	—
		凌云地区中心	商业	—	—
		田林地区中心	商业	—	—
		上海大学地区中心	商业	—	—
		庙行地区中心	商业	—	—
		新江湾地区中心	商业	—	—
		控江路地区中心	商业	—	—
		长白地区中心	商业	—	—
		老西门地区中心	商业	—	—
		长寿地区中心	商业	实现	超出规划等级
		中山公园地区中心	综合	实现	超出规划等级
		虹桥地区中心	商业	—	—
		浦兴地区中心	商业	—	—
		高桥地区中心	商业	—	—
		北蔡地区中心	商业	—	—
		三林地区中心	商业	—	—
		洋泾地区中心	商业	—	—
		张江地区中心	商业	—	—
		周家渡地区中心	商业	—	—

续表

规划等级	名称	规划功能	规划实施情况	备注
地区级中心	塘桥—花木地区中心	商业	—	—
	金杨地区中心	商业	—	—
	康桥—御桥地区中心	商业	—	—

上海中心城区就业中心体系形成的另一个政策影响因素是各区政府的国民经济和社会发展规划（下文简称各区政府发展政策）。由于各区政府发展政策是城市建设的依据，对现状就业中心体系形成的影响比分区规划的公共活动中心体系规划更大。实际后续的控制性详细规划等在细化落实分区规划中为适应社会经济发展需求，依据各区政府发展政策进行了调整。非传统城市中心，特别是漕河泾、浦东软件园、虹桥临空经济园区等规划公共活动中心体系之外形成的就业中心基本都是在各区政府发展政策引导下有计划地规划建设形成的（表5-8）。

公共活动中心体系规划之外形成的就业中心与各区政府国民经济和社会发展规划　表5-8

名称	对应国民经济和社会发展规划的内容
漕河泾经济技术开发区	徐汇区"十一五"规划确定漕河泾为现代服务业集聚区，集聚一批跨国公司地区总部和生产性服务业
浦东软件园	所属张江高科技园区，为浦东新区"十一五规划"，七个现代服务业集聚区之一
张江	
虹桥临空经济园区	长宁区"十一五"规划确定虹桥临空经济园区是三大经济组团之一，聚焦总部经济功能，重点发展现代物流业、信息服务业和总部经济
曹安	所属真新、江桥生活与商务服务区，为嘉定区"十一五"规划确定的五大商业服务集聚区之一，实际以曹安商贸城实现
曹杨路	所属武宁中心，被普陀区"十五"规划定位为区域性商业、商务、文化娱乐中心
虹口龙之梦	所属四川北路北段，为虹口区"十一五"规划确定的综合消费中心，实际以虹口龙之梦综合体及其周边产业实现
大连路	杨浦区"十一五"规划确定大连路要大力吸引国内外知名企业地区总部，加快提升现代服务业发展能级
苏河湾	所属苏州河东段，是闸北区"十一五"规划确定的苏州河现代服务业集聚带重要的发展区域，集聚高端服务业产业群
银行卡产业园	所属银行卡产业园，是浦东新区"十一五"规划确定的重点产业园区之一
外高桥	所属外高桥保税区，为浦东新区"十一五规划"七个现代服务业集聚区之一
陆家浜	—

如漕河泾经济技术开发区是国家级经济技术开发、高新技术产业开发区和出口加工区，建设发展一直有国家和地方政策支持。在1990年代初期就已初具规模，当时

定位为高技术制造业。2005 年，漕河泾经济技术开发区逐步向科技型服务业转型，制造业逐渐退出，《上海市徐汇区国民经济和社会发展第十一个五年规划纲要》（下文简称徐汇区"十一五"规划，其他各区也相同）将其确立为徐汇区 4 个现代服务业集聚区，集聚一批跨国公司地区总部和生产性服务业，经过近 10 年的建设，已成为上海规模最大和集聚程度最高的就业中心之一。浦东软件园和张江也类似，位于张江高科技园区内，拥有良好的发展基础，所属的张江高科技文化创意和信息服务业集聚区是浦东新区"十一五"规划确立的 7 个现代服务业集聚区之一，定位为市级产业园，2010 年左右初具规模，并逐渐发展成熟。虹桥临空经济园区是上海市市级科技园区，于 2005 年启动建设，长宁区"十一五"规划将其确立为长宁区 3 大经济区组团之一，聚焦总部经济功能，重点发展现代物流业、信息服务业和总部经济，现已成为上海市西部重要的现代服务业集聚区之一。

得益于公共活动中心体系规划之外，在各区政府发展政策引导下形成的若干就业中心，现状就业中心比规划公共活动中心更加趋向于多中心体系。

5.6 本章小结

本章以手机信令数据获取的就业—居住功能联系数据为基础，关注就业中心，从空间形式和功能联系两个视角描述和解释上海中心城区就业中心体系。

首先对就业—居住功能联系数据中的工作地数据做核密度分析，得到就业密度分布，再用热点分析识别就业密度高值聚类区，依据传统认知和规划确定了 28 个就业中心，发现地铁、黄浦江、延安路高架会影响腹地范围（腹地沿地铁分布，黄浦江、延安路高架对腹地有空间分隔作用）。随后，分别从就业密度和通勤联系两个视角测度能级，即单位面积对就业者的吸引力越大，空间影响力越大的中心能级越高。无论从就业中心的空间分布还是等级分布来看，上海中心城区就业中心体系都呈主中心强大的弱多中心体系。接下来，依据各空间单元中的就业者前往各就业中心的人数比例划分势力范围，发现就业中心和势力范围的空间分布并不符合中心地理论描述的中心地和市场区的分布特征，但就业中心吸引力和规模成正比、与距离成反比的特征基本符合 Huff 模型的定律，可用校正参数（就业—居住活动距离衰减系数 3.0）后的 Huff 模型预测规划就业中心的势力范围。最后，依据居民前往就业中心的通勤距离、居住密度，识别出中心城区内缺少就业中心的地区。

在描述就业中心体系的特征基础上，还进一步分析了就业中心体系的影响机制。发现：①现状就业中心的弱多中心空间分布是在其与交通网络长期相互作用下，以及背后的集聚经济规律、对传统中心的路径依赖的共同作用下形成的；②通勤联系视角能级较低的中心主要是年轻、受教育水平较低、多从事生活性服务业的非本地户籍就业者集聚的中心；③通勤联系视角等级越高的中心服务范围一般也越大，但受产业类型、区位、交通条件等因素影响，个别就业中心的服务范围与等级不匹配；④就业中心的平均通勤距离与等级基本无关，而与职住功能比的关系更大；⑤现状就业中心基本是在2004版分区规划和后续各区政府发展政策引导下形成的；⑥规划未构建完善的就业中心体系，制约了现状就业中心向多中心体系发展。

商业中心体系是游憩空间结构的研究内容之一。与就业中心体系相似，研究也包括商业中心识别、能级判断、腹地划分、规划对策等内容。当前根据商业设施识别商业中心、描述商业中心特征、判断能级、提出优化对策的研究较多。腹地的研究成果较少，受数据获取制约，往往只能对个别典型商业中心进行分析，难以分析整体特征，因而很难有更深入探讨。本章希望利用游憩—居住功能联系数据，准确识别商业中心，从基于人流的功能联系视角补充对商业中心能级的认识、实现实证各中心腹地的设想，发现现状缺少商业中心的地区，最后对商业中心体系影响机制进行分析，为规划提供依据。

6.1 商业中心识别

6.1.1 商业中心识别方法和识别结果

考虑到商业中心高至城市级、低至社区级，差异较大，为抓住商业中心的主要特征，也是为了与就业中心体系具有可比性，本书讨论的商业中心只限于城市级商业中心，依据分区规划提出的市级中心不小于 $19hm^2$ 的面积下限值，仅研究面积大于 $19hm^2$ 的商业中心。不研究低等级商业中心，除了有与就业中心相同原因——基站定位误差外，还因为游憩活动只识别了休息日，停留时间超过 $30min$ 的游憩活动，低等级商业中心的游憩活动可能更多地发生在工作日业余时间，而且停留时间较短，与途经行为较难区别。

根据相关研究成果回顾，商业中心既可主观判断又可通过商店集聚程度（王芳等，2015）或消费者集聚程度（王德 等，2001）识别，当然也可使用与就业中心相

---

① 本章中有关商业中心体系的分析方法，由编著者以《上海中心城区商业中心空间特征研究》为题，发表于《城市规划学刊》2017年第8期。

同的方法判断（Vasanen，2012）。主观判断是当前使用较多、也是公认的方法，依据经验或规划，将上海中心城商业中心分为南京东路、淮海路、徐家汇等（宁越敏 等，2005；钮心毅 等，2014），事先确定各中心范围，再进行下一步研究。由于确定的商业中心往往是公认的中心，一般异议不大。但经验判断不一定准确，现状商业中心不一定完全按规划实施，由此确定的商业中心不一定符合现实情况，包括边界不一定符合实际，还有可能会忽略某些经验和规划认知之外新形成的商业中心。笔者认为若能使用与就业中心相同的方法，即依据实际人流密度识别商业中心可能更合理。一方面与本书基于"人流"的功能联系研究空间结构的视角一致，另一方面识别结果也能与就业中心具有可比性。

过去由于数据难以获取或统计的空间单元过大，实现难度较大。现在本研究已识别了游憩—居住功能联系，为依据人流密度识别商业中心提供了可能。不同的是商业中心的游憩活动主要是购物、餐饮，使用手机信令数据识别到的游憩活动无法将购物、餐饮、逛公园、看展览等游憩活动区分开来。但一般来说购物、餐饮活动人流高度集聚，其游憩活动强度远高于其他类型游憩活动，可在识别游憩活动高值聚类区的基础上进一步结合土地使用遴选商业中心。具体步骤如下。

首先，将游憩—居住功能联系数据以天为单位，根据游憩者游憩地汇总，再按停留时间赋予权重（每个休息日每个游憩者的游憩活动量为1），得到每个休息日每个基站的游憩活动量，游憩活动过程中停留时间越长的基站游憩活动量越大（公式3-1）。将6个休息日每个基站的游憩活动量汇总，在ArcGIS中以800m为搜索半径做核密度分析，将每个基站的游憩活动量分摊到200m×200m的栅格中，每个栅格的属性值就代表该栅格的游憩活动强度（单位面积游憩活动量，是一种考虑了游憩活动停留时间和人次的人流密度），截取中心城区内的部分，即为中心城区游憩活动强度（图6-1）。随后，使用热点分析，以反距离法表达空间关系，取800m距离阈值（IDW 800），在1%显著性水平下（ZScore大于2.58）选出游憩活动强度的高值聚类区（图6-2），表明这些地区的游憩活动强度具有显著高值集聚特征。接下来，依据上海市土地使用现状图，在高值区中筛选以商业用地为主的栅格，其中发生的游憩活动就是在商业设施中的购物、餐饮类游憩活动。最后，依据对商业中心的传统认知，确定识别出的中心边界。参考分区规划提出的市级中心不小于19hm² 的面积下限值，排除面积较小的非城市级商业设施，例如：陆家浜路地铁站沿街商业（16hm²）、汶水路和沪太路红星美凯龙等区域（16hm²）、四平路地铁站沿街商业（12hm²）、顾戴路和虹梅路交叉口麦德龙和迪卡侬（8hm²）、合生财富广场（8hm²）、宝山万达（4hm²）等；同时排除七浦路服装批发市场、曹安皮草家具批发市场等非零售类商业设施。最终确定南京东路、徐

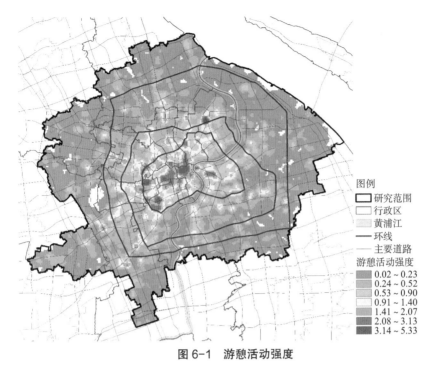

图 6-1　游憩活动强度

注：①游憩活动强度按自然间断点分级法分为 7 个等级显示，仅代表识别出的用户值。②游憩活动强度按停留时间分配

权重，不设单位。

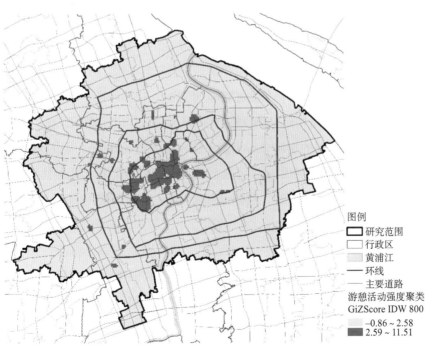

图 6-2　游憩活动强度高值聚类区

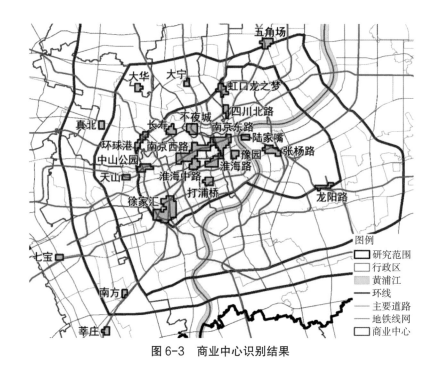

图6-3 商业中心识别结果

家汇、中山公园等24个城市级商业中心（图6-3）。这些中心以只占中心城区1.2%的面积集聚了23.5%的游憩活动人次。

与就业中心相似，上述24个商业中心中，陆家嘴、南京东路、四川北路、淮海路等是传统意义上的城市主中心，五角场和徐家汇是规划城市副中心，打浦桥、中山公园、长寿是规划地区中心，这些中心兼具就业和商业功能。环球港、龙阳路、七宝等中心以商业功能为主导，就业岗位较少。

从空间分布来看，游憩活动强度由中心向外递减，虽然游憩活动仍主要集聚在内环内，但集聚程度和就业活动相比有所减弱，在内环外形成了若干面积较小的商业中心。与就业中心相比，商业中心的空间分布更趋于多中心。与浦东外环周边有就业中心不同，商业中心更偏向于浦西，在中心城外还形成了七宝和莘庄两个商业中心。除大华、真北外，商业中心均位于地铁沿线。浦西北部中环外、浦东南部内环外大片地区既无就业中心也无商业中心。

6.1.2 识别结果检验

使用2015年上海地铁刷卡数据识别到的游憩—居住功能联系数据，以代表游憩地的站点汇总人流量。如图6-4所示，流量大的站点主要是地铁1号线、2号线、3号线和4号线上的站点，流量位于前3个等级的站点与商业中心高度吻合（表6-1），证明用手机信令数据识别的商业中心符合常理。

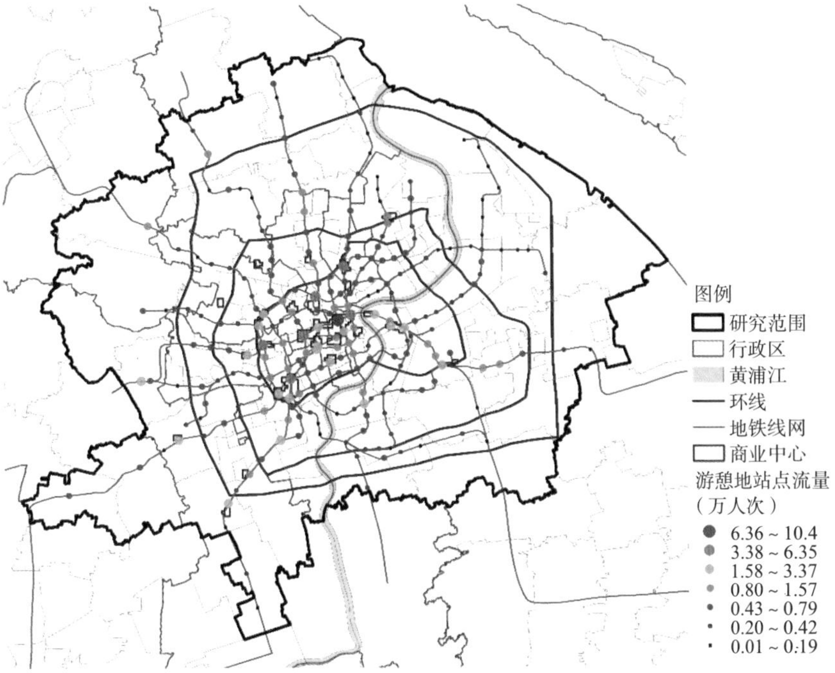

图 6-4 游憩地站点流量

注：站点流量按自然间断点分级法分为 7 个等级，仅代表识别出的用户值。

游憩地流量前 3 级站点与对应商业中心　　　　　表 6-1

站名	地铁线	游憩地站点流量（万人次）	对应商业中心	备注
人民广场	1 号线、2 号线、8 号线	10.40	南京东路	—
徐家汇	1 号线、9 号线、11 号线	6.35	徐家汇	—
中山公园	2 号线、3 号线、4 号线	5.70	中山公园	—
上海火车站	1 号线、3 号线、4 号线	5.21	不夜城	—
南京东路	2 号线、10 号线	4.77	南京东路	—
静安寺	2 号线、7 号线	4.08	南京西路	—
虹口足球场	3 号线、8 号线	3.78	虹口龙之梦	—
陆家嘴	2 号线	3.37	陆家嘴	—
陕西南路（1 号线）	1 号线	2.92	淮海中路	—
打浦桥	9 号线	2.73	打浦桥	—
南京西路	2 号线	2.62	南京西路	—
虹桥火车站	2 号线、10 号线	2.52	—	火车站应排除
金沙江路	3 号线、4 号线、12 号线、13 号线	2.38	环球港	—
七宝	9 号线	2.22	七宝	—
上海体育馆	1 号线、4 号线	2.05	徐家汇	—
上海南站	1 号线、3 号线	2.00	—	火车站应排除

站名	地铁线	游憩地站点流量（万人次）	对应商业中心	备注
莘庄	1 号线、5 号线	1.98	莘庄	—
陕西南路（10 号线）	10 号线	1.96	淮海中路	—
宜山路	3 号线、4 号线、9 号线	1.87	徐家汇	—
大世界	8 号线	1.76	南京东路	—
龙阳路	2 号线、7 号线、16 号线	1.69	龙阳路	—
耀华路	7 号线、8 号线	1.68	—	未形成游憩活动强度高值聚类区
世纪大道	2 号线、4 号线、6 号线、9 号线	1.63	张杨路	—
商城路	9 号线	1.63	张杨路	—
曹杨路	3 号线、4 号线、11 号线	1.63	环球港	—
娄山关路	2 号线	1.61	天山	—

注：流量仅代表能同时识别出工作地、居住地、游憩地的用户值。

6.1.3 商业中心腹地

商业中心腹地是指商业中心吸引和辐射力所能达到的范围，得益于通过手机信令数据得到的游憩—居住功能联系数据包含每个游憩者的居住地信息，可以更加直观、精确地描述上述商业中心的游憩者来源地，即从游憩—居住的功能联系来分析所有商业中心的腹地。

按商业中心分组，按游憩人次汇总在每个商业中心有过游憩活动记录的游憩者居住地，例如某游憩者 6 个休息日中有 3 天在五角场有过游憩活动记录，其居住地就按 3 人次计。分别对代表居住地的基站以 800m 为搜索半径做核密度分析，得到每个商业中心的游憩者人次居住密度。以累加游憩人次的 50%、60%、70%、80%、90% 作为间断值，表示每个商业中心吸引不同比例游憩人次的空间范围，将吸引前 80% 游憩人次的范围作为主要腹地。6 个典型商业中心的腹地如图 6-5 所示（其他商业中心腹地详见附录 C）。

与就业中心相似，各商业中心吸引的游憩人次居住密度呈由自身向外逐渐下降的趋势，但与就业中心相比，下降更为缓和，各比例段吸引的游憩人次范围更广。传统商业中心南京东路的腹地主要位于浦西中环内和浦东黄浦江沿岸，并沿地铁 1 号线、9 号线向外延伸；南京西路的主要腹地更偏北，并沿地铁 1 号线、7 号线延伸至宝山新城。

规划副中心徐家汇的主要腹地受浦西延安路高架影响依然较显著，主要腹地虽跨黄浦江，但跨江后密度快速下降。五角场的主要腹地形态与其作为就业中心时相似，

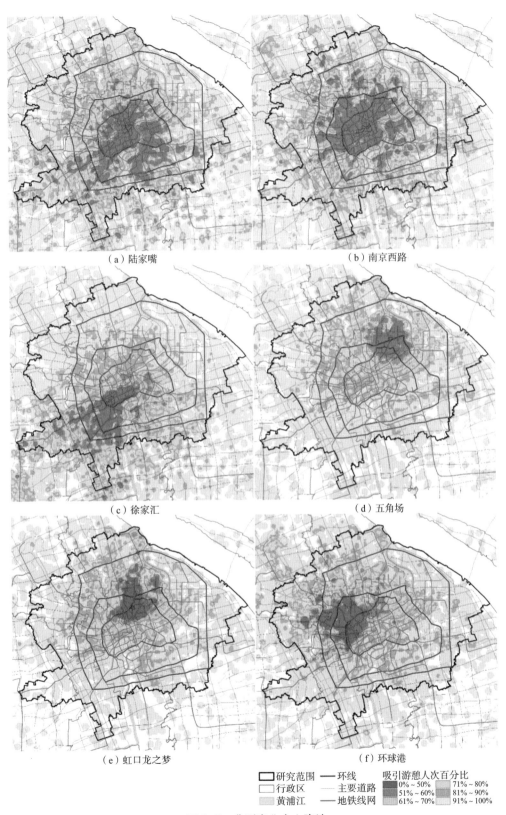

（a）陆家嘴　　　　　　　　　　　　　（b）南京西路

（c）徐家汇　　　　　　　　　　　　　（d）五角场

（e）虹口龙之梦　　　　　　　　　　　（f）环球港

研究范围　　　环线
行政区　　　　主要道路
黄浦江　　　　地铁线网

吸引游憩人次百分比
0%~50%　　　71%~80%
51%~60%　　 81%~90%
61%~70%　　 91%~100%

图 6-5　典型商业中心腹地

都成圈层状，但范围更广，辐射到了闸北区和浦东外高桥、金桥地区。

新兴的商业中心虹口龙之梦的腹地主要位于地铁 2 号线以北、沿地铁 3 号线、8 号线分布，向北一直到达宝山新城的友谊路街道和吴淞镇街道。环球港的腹地主要位于浦西延安路高架北部，并沿地铁 11 号线、13 号线向西北侧延伸，最远到达嘉定新城。

综上所述，商业中心主要腹地的分布形态仍然与区位和地铁有较大关系。位于城市中心附近的商业中心因地铁可向各个方向辐射，主要腹地范围分布更加均匀，和就业中心相比，受黄浦江、延安路高架的空间分隔作用较弱；偏于中心城区一侧的中心因地铁向外环周边地区辐射，强化了这些地区与这些中心的联系，其主要腹地范围表现出较明显的方向性，受黄浦江、延安路高架的空间分隔作用也更明显。五角场位于中心城区东北部，只有一条地铁 10 号线通过，且只向北延伸了约 3km（再往北，到了长江边），因此其主要腹地并未呈向外辐射状，而是向各个方向较均匀扩散。

6.2 商业中心能级

与就业中心相同，商业中心能级也从空间形式和功能联系两个视角判断。能级判断理论和方法依据上文已经论述，这里不再赘述。为使研究结果与就业中心具有可比性，使用和就业中心相同的方法测度能级。其中空间形式的能级用游憩活动强度（单位面积游憩活动量）测度，商业中心单位面积对游憩者的吸引力（以游憩活动停留时间和人次计）越大，能级越高，下文就称为游憩活动强度视角能级。功能联系的能级用游憩—居住的出行联系测度，商业中心的游憩人次居住密度分布面积越大，能从所有游憩人次居住密度高的地区吸引游憩人次相应也多，说明功能联系能更均匀覆盖整个研究范围，空间影响力越大，能级越高，下文就称为出行联系视角能级。

6.2.1 游憩活动强度视角能级

以各中心平均游憩活动强度表征能级。这里不使用规模，即游憩活动量判断能级是由于商业中心的面积差异远高于游憩活动强度差异，规模其实由面积大小决定（图 6-6）。使用游憩活动强度可避免面积影响。

将各中心平均游憩活动强度（表 6-2）以极小化方法做标准化处理，得到游憩活动强度视角能级，再用自然间断点分级法分为 4 个等级。由图 6-7 可见，在游憩活动强度视角下，商业中心的多中心体系更加明显。虽然一级、二级中心仍主要集中在内环内，但 3 个一级中心并未集聚，中山公园、南京东路、五角场分别分布在内环西部、中部和中环东北部，内环内还有若干三级和四级中心。一级、二级中心基本是传统意

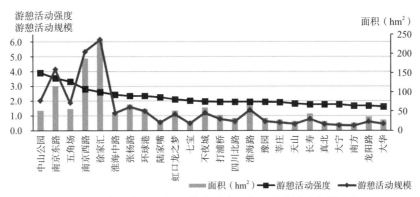

图 6-6 商业中心面积、游憩活动强度、游憩活动规模比较

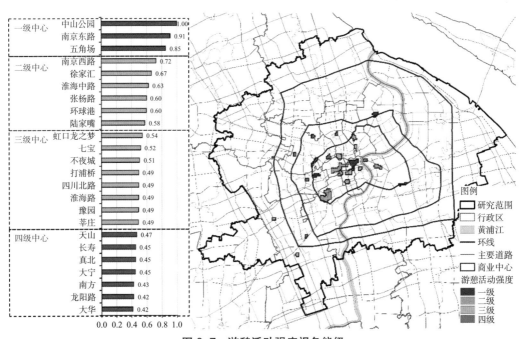

图 6-7 游憩活动强度视角能级

商业中心游憩活动强度　　　　　　　　　　　　　　表 6-2

名称	游憩活动强度	名称	游憩活动强度	名称	游憩活动强度	名称	游憩活动强度
中山公园	3.91	南京东路	3.57	五角场	3.33	南京西路	2.83
徐家汇	2.60	淮海中路	2.45	张杨路	2.34	环球港	2.33
陆家嘴	2.25	虹口龙之梦	2.13	七宝	2.04	不夜城	1.98
打浦桥	1.93	四川北路	1.93	淮海路	1.92	豫园	1.92
莘庄	1.91	天山	1.82	长寿	1.77	真北	1.76
大宁	1.75	南方	1.66	龙阳路	1.66	大华	1.62

注：游憩活动强度仅代表识别出的用户值。

义上的城市主中心和副中心（环球港除外），说明从游憩活动强度来看，这些商业中心已经达到或超过了规划预期。三级中心七宝和莘庄并不在中心城范围内，不夜城、四川北路、淮海路是规划城市主中心，但游憩活动强度都不高。四级中心基本是分区规划的低等级中心或规划之外形成的商业中心。

6.2.2 出行联系视角能级

与就业中心相同，出行联系视角能级具体也使用 Vasanen 的方法测度。这里以淮海路和五角场为例。由上文分析可知，依据游憩活动强度，五角场的游憩活动强度视角能级位列第一等级，远高于淮海路，且由图 6-8 可见，淮海路和五角场吸引的游憩人次空间范围相似。但从出行联系视角来看，这并不能说明五角场的能级也高于淮海路，因为五角场吸引的游憩者大部分仅限于自身周边 3km 范围内，并未能从中心城区游憩人次居住密度高的地区吸引游憩者，反而是游憩活动强度较低的淮海路在中心城区游憩人次居住密度较高的地区吸引的游憩人次相应较多（图 6-8）。因此，与五角场相比，淮海路的空间影响力能更加均匀的遍及整个中心城区，相应的能级也应更高。

进一步计算淮海路游憩人次居住密度分布和中心城区游憩人次居住密度分布的 R^2、五角场游憩人次居住密度分布和中心城区游憩人次居住密度分布的 R^2（图 6-9）。该计算结果也证明了上述判断，淮海路的 R^2 为 0.2308，高于五角场的 0.12，定量证明了淮海路能级更高。

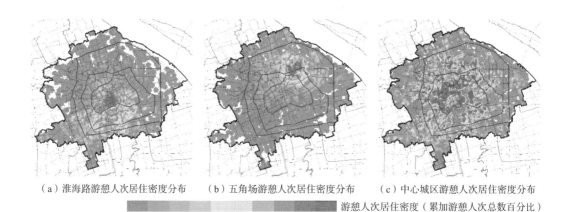

（a）淮海路游憩人次居住密度分布　　（b）五角场游憩人次居住密度分布　　（c）中心城区游憩人次居住密度分布

游憩人次居住密度（累加游憩人次总数百分比）
0% 10% 20% 30% 40% 50% 60% 70% 80% 90% 100%

图 6-8　淮海路、五角场、中心城区游憩人次居住密度分布比较

将各中心的 R^2（表 6-3）以极小化方法做标准化处理，得到出行联系视角的能级，再用自然间断点分级法分为 4 个等级。由图 6-10 可见，与游憩活动强度视角能级相比，在出行联系视角下，商业中心主中心强大的弱多中心体系特征更加明显，高等级中心

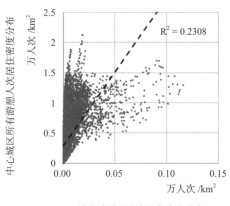
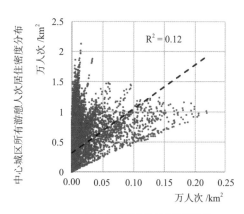

图 6-9　淮海路、五角场 R^2 计算

商业中心 R^2　　　　　　　　　　　　　　　　表 6-3

名称	R^2	名称	R^2	名称	R^2	名称	R^2
南京西路	0.4984	南京东路	0.3562	淮海中路	0.3076	陆家嘴	0.3053
不夜城	0.2322	淮海路	0.2308	环球港	0.2164	中山公园	0.1843
四川北路	0.1816	虹口龙之梦	0.1623	长寿	0.1528	豫园	0.1401
徐家汇	0.1320	龙阳路	0.1225	五角场	0.1200	大宁	0.1109
打浦桥	0.1083	张杨路	0.1080	真北	0.0957	天山	0.0747
大华	0.0538	南方	0.0373	七宝	0.0297	莘庄	0.0209

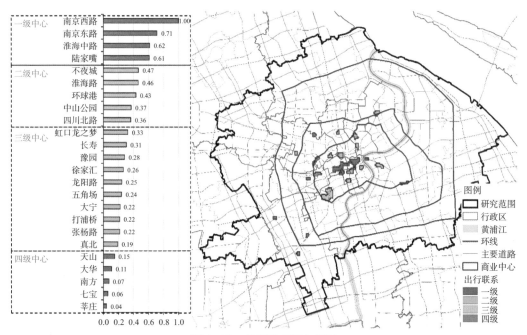

图 6-10　出行联系视角能级

更加向心集聚,一级中心集聚在人民广场附近,沿地铁 2 号线分布;二级中心均位于内环内。其中南京东路仍为一级中心,南京西路、淮海中路、陆家嘴上升为一级中心,中山公园降为二级中心。需要指出的是规划主中心张杨路和两个被认为是发展较好的规划副中心徐家汇和五角场仅位列第三等级。这是由于这 3 个中心虽然有较高人气(游憩活动强度较高),但是主要腹地却偏于一隅:张杨路主要服务中心城区内浦东南部地区,徐家汇主要服务浦西延安路高架以南地区,五角场主要服务自身周边 3km 范围内地区。这些地区居住密度相对较低,因此这 3 个商业中心并未成为中心城区内大多数游憩者购物、餐饮活动的目的地,空间影响力较弱。反而是环球港、中山公园位于人口密度最高的内环西北部,无论是沿地铁 3 号线、4 号线沿内环辐射,还是沿地铁 2 号线、7 号线、11 号线、13 号线垂直内环辐射,都是游憩人次居住密度最高的地区之一,能取得相对较大的空间影响力。四级中心天山、大华、南方等不仅位置较偏,自身辐射能力也有限,空间影响力自然较弱。

6.2.3 两个视角能级比较

游憩活动强度和出行联系是从两个不同视角测度能级,即使某商业中心的游憩活动强度不高,但只要其游憩者主要来自于游憩人次居住密度高的地区,仍然可能有较高能级,如淮海路、不夜城、四川北路等。但总体来看,单位面积对游憩活动吸引力越大的中心,功能联系一般也能更均匀覆盖整个研究范围,空间影响力一般也越大(图6-11),这一结果与就业中心相似。

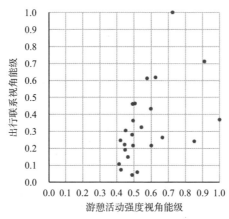

图 6-11　游憩活动强度和出行联系视角的能级比较

需要说明的是本书是从中心城区范围内的本地居民对空间的使用情况来判断商业中心的能级,未考虑外地游憩者,也未考虑设施规模、商品档次等因素,评价结果可能会与一般认知有所不同。若将这些因素考虑进来，南京东路、淮海路、豫园这些中心的能级可能最高，而且可能需要从全市域、长三角，甚至全国层面来定位。

6.3　商业中心势力范围

6.3.1　势力范围划分

商业中心势力范围是指商业中心吸引和辐射力占优势的地区，能直观反映不同地区居民主要前往哪个商业中心游憩。可在腹地的基础上，通过计算每个空间单元中前往各商业中心的游憩者比例将上海中心城区划分为 24 个商业中心的势力范围（图6-12）。

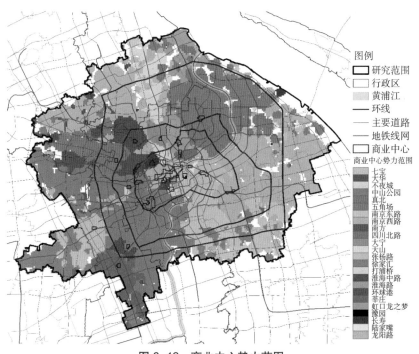

图 6-12　商业中心势力范围

与就业中心势力范围相同，这里也引入争夺区的概念，描述商业中心势力范围是否占绝对主导。不同的是在计算争夺区时，由于商业中心是 24 个，若严格按照位序—规模排序每个栅格中的商业中心游憩人次居住密度，密度值最高的商业中心应占所有商业中心游憩人次居住密度总和的 27%（公式 5-3），故争夺区的首位商业中心密度占比调整为大于 27%（图 6-13）。去除争夺区（约占中心城区面积的 53.5%），得到商业中心占绝对主导的势力范围（图 6-14）。

图 6-13　商业中心势力范围争夺区

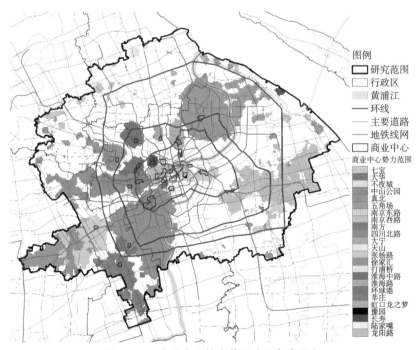

图 6-14　商业中心势力范围（无争夺区）

　　商业中心势力范围整体特征与就业中心基本相似，多数中心自身仍然是其势力范围，地铁对势力范围的分布和争夺仍然发挥了较大影响。不同的是黄浦江的空间分隔有所减弱，五角场、南京西路、南京东路、徐家汇跨越黄浦江在浦东有较大面积势力范围。势力范围争夺区面积增加，浦西北部和浦东东部、西部大部分地区都是争夺区。说明与就业活动相比，游憩活动受空间距离和自然界限的影响相对较小；在远离商业中心的地区，游憩者选择目的地时更具有不确定性。

排除争夺区后，24 个商业中心中徐家汇的势力范围最大，虽然其主要腹地被局限在浦西延安路高架以南，但除了七宝、莘庄和南方势力范围占据的 71km² 外，剩余的 130 km² 都是徐家汇的势力范围。五角场的势力范围其次，占据了浦西杨浦区和浦东外高桥地区，面积 85km²。说明这两个中心虽然在中心城区层面的空间影响力较小，但对其所在地区居民的游憩活动来说具有重要作用，是这些地区居民到商业中心进行游憩活动的首选之地，发挥了副中心的应有作用。同样具有这一特征的还有龙阳路，无论从游憩活动强度还是出行联系来看等级都较低，但由于浦东内环外无商业中心，龙阳路成为浦东很多地区最近的游憩活动目的地，势力范围面积位列第三，达到了 74km²，远大于很多高等级商业中心。中山公园势力范围则沿地铁 2 号线向西延伸约 12km，莘庄的势力范围沿地铁 5 号线向南延伸约 8km。其余商业中心势力范围基本都在自身周边，并未像就业中心那样在远离中心较远的地区形成势力范围交替区。

商业中心及其势力范围分布也不完全符合中心地理论描述的中心体系特征，但与就业中心相比，占绝对主导的势力范围围绕商业中心的分布形态更加显著，且由于商业中心的空间分布更趋于多中心体系，商业中心还是呈现出了较弱的中心地—市场区分布特征。当然，基于中心地理论分级配置的商业中心，因市场选择、交通条件、人口密度分布差异等原因，实际服务范围与理论还是有较大差异。

6.3.2　Huff 模型验证

与就业中心的验证方法相同，首先验证 Huff 模型的两个定律（吸引力和规模呈正比、与距离成反比）。吸引力在这里是指各商业中心吸引居民前来游憩的能力，故吸引力大小可用从商业中心自身之外吸引到的游憩活动人次表征，吸引人次越多，吸引力越大。规模应当是商业中心的设施面积，与就业中心相似，这一数据也无法获取，用商业中心范围的面积替代，表征商业中心规模。由图 6-15（a）可见，两者呈线性正相关，相关系数高达 0.98。再以 100m 为间隔，统计所有商业中心每隔 100m 圈层内的游憩者居住人次，反映商业中心吸引力随距离衰减的变化。由图 6-15（b）可见，两者呈幂函数负相关。证明了商业中心势力范围的两个变量基本符合 Huff 模型定律。

接下来计算距离衰减系数。使用 Huff 模型，规模变量取游憩人次，距离衰减系数从 0.1 开始取到 9.9，求每个栅格用 Huff 模型计算的理论值与用手机信令数据测算的真实值的线性相关系数。取能通过 1% 显著性水平检验、相关系数最大的距离衰减系数。

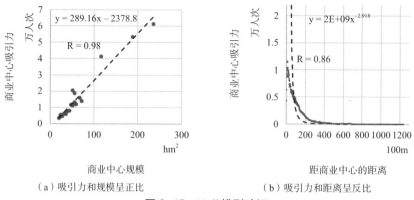

（a）吸引力和规模呈正比　　　　　　（b）吸引力和距离呈反比

图 6-15　Huff 模型验证

游憩—居住活动距离衰减系数仍呈由中心向外逐渐增大的趋势（图 6-16）。与就业—居住活动相比，距离衰减系数整体较小，但外环周边、交通条件较差的地区距离衰减系数更大；未通过 1% 显著性水平检验的地区有所减少，主要在 10 号线西段和 1 号线北段，恰好也是势力范围争夺区。从数值分布来看，游憩—居住活动距离衰减系数更接近正态分布（图 6-17），平均值 2.5。

图例
研究范围
行政区
黄浦江
环线
主要道路
地铁线网
商业中心
距离衰减系数
0.1 ~ 1
1.1 ~ 2
2.1 ~ 3
3.1 ~ 4
4.1 ~ 5
5.1 ~ 6
>6

图 6-16　游憩—居住活动距离衰减系数分布

因此，可以认为游憩—居住活动比就业—居住活动更符合 Huff 模型。这可能是因为 Huff 模型是源于商业中心提出来的，一般商业中心都能满足居民日常游憩需求，居

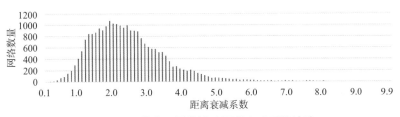

图 6-17　游憩—居住活动距离衰减系数统计

民会根据居住地选择出行便捷的商业中心游憩。而就业—居住活动则相反，居民的工作地和居住地都是固定的，虽然居民会倾向于就近工作或居住，但根据工作地就近居住或根据居住地就近工作会受到家庭、房价、环境等多种因素影响（例如双职工家庭实现两人都就近工作的难度较高，高房价会迫使居民住在离工作地较远的地区，已购房的居民若遇公司搬迁可能会从就近工作变为远距离工作等）。虽然整体上仍然存在近距离出行多、远距离出行少的规律，但就业—居住活动的这种规律产生的内部机制有所不同，与 Huff 模型的假设条件不一致，导致距离衰减系数未呈正态分布。另一方面，对个体来说，游憩活动属于非规律性活动，即使最近的商业中心距离较远，居民也可承担较高的出行成本，因此距离衰减系数比就业—居住活动小。

最后以游憩人次为规模变量，距离衰减系数取 2.5，计算各商业中心的理论势力范围，并将最高密度占比小于 0.27 的栅格作为势力范围争夺区，得到商业中心占主导的理论势力范围（图 6-18），同时在非争夺区内显示用手机信令数据计算得到的真实势

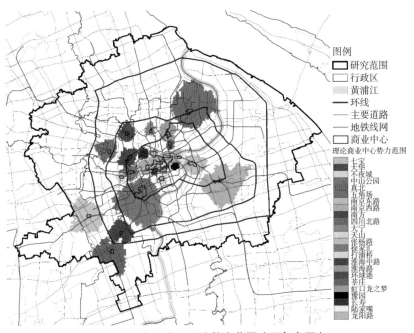

图 6-18　商业中心理论势力范围（无争夺区）

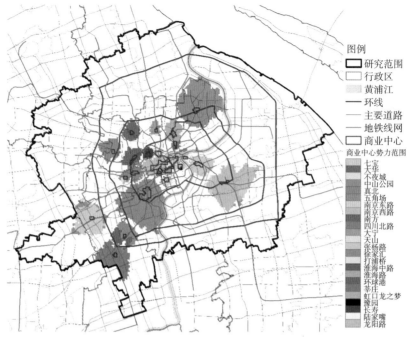

图 6-19　商业中心真实势力范围（去除商业中心理论势力范围争夺区）

力范围（图 6-19）。两者在非争夺区内有 78.5% 相似性，即使用 Huff 模型，规模变量取游憩人次，距离衰减系数取 2.5，预测规划商业中心将会形成的势力范围，准确率可达 78.5%。两者不同的地方主要还是与地铁有关。能提供更丰富商品服务的商业中心，如南京东路、徐家汇、中山公园，实际会沿地铁获得更多势力范围。

6.4　现状缺少商业中心的地区

通过上文分析，商业中心虽然比就业中心更趋于多中心体系，但仍有待于多中心化，接下来需要明确现状缺少商业中心的具体位置。与缺少就业中心的地区界定类似，本书将缺少商业中心的地区界定为前往现状城市级商业中心出行距离较远、居住密度较高的地区。由图 6-20 可见，浦东中环外、浦西北部外环周边和西部外环以外地区超过平均值 13111m，说明这些地区居民前往商业中心出行距离较远，承担较高出行成本 [1]。随后依据中心城区的游憩人次居住密度，选出超过平均密度的地区，与上述超过平均距离的地区叠加，筛选出缺少商业中心的地区（图 6-21）。中环内基本不缺商业中心，

---

① 2016 年 11 月，七宝商业中心的万科中心开业，据新闻媒体报道，顾客量远超预期，估计会明显缩短九亭、泗泾地区的居民前往商业中心的出行距离。

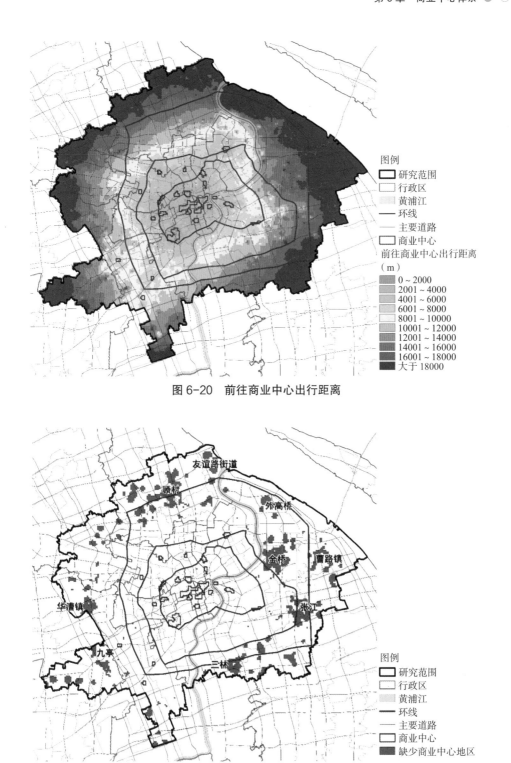

图 6-20 前往商业中心出行距离

图例
研究范围
行政区
黄浦江
环线
主要道路
商业中心
前往商业中心出行距离
（m）
0 ~ 2000
2001 ~ 4000
4001 ~ 6000
6001 ~ 8000
8001 ~ 10000
10001 ~ 12000
12001 ~ 14000
14001 ~ 16000
16001 ~ 18000
大于 18000

图例
研究范围
行政区
黄浦江
环线
主要道路
商业中心
缺少商业中心地区

图 6-21 缺少城市级商业中心地区

问题最严重的地区主要在外环周边。包括浦西北部的友谊路街道、顾村，西部的华漕镇和九亭等地；浦东北部的外高桥、金桥，东部的曹路镇，中部的张江，南部的三林等地①。上述部分地区或附近已有商业中心，但等级较低，未达到本书识别要求，如庙行的宝山万达；部分地区规划了商业中心，但尚未实施，如三林、张江等。其中友谊路街道、九亭、三林、外高桥等地是既缺少就业中心又缺少商业中心的地区。

6.5 商业中心体系影响机制

6.5.1 商业中心空间影响机制

相比于就业中心，商业中心的集聚趋势相对较弱，但多数中心仍主要集聚在内环内，各中心势力范围沿地铁分布趋势较明显。使用地铁刷卡数据得到的游憩—居住功能联系数据显示的居住地站点到工作地站点的线网流量（图6-22）证明了地铁在一定程度上加剧了商业中心向心集聚。休息日进出内环的流量差依然显著（两者相差2.5倍），特别是连接宝山新城与内环、连接南站地区与内环的地铁1号线，连接泗泾与内环的地铁9号线，连接大场和内环的地铁7号线。地铁和道路布局形成的单中心形态（图6-23）也呼应了这种向心出行需求。南京东路、南京西路、徐家汇等12个中心位于可达性最高的圈层内。

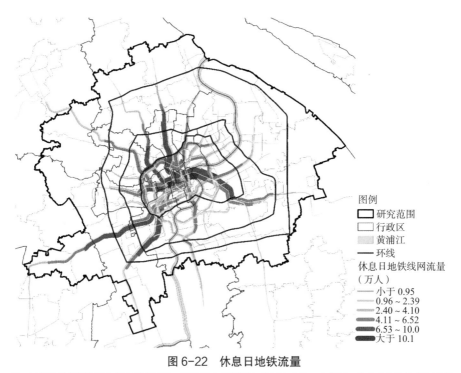

图例
☐ 研究范围
☐ 行政区
▨ 黄浦江
— 环线
休息日地铁线网流量
（万人）
— 小于0.95
— 0.96 ~ 2.39
— 2.40 ~ 4.10
— 4.11 ~ 6.52
— 6.53 ~ 10.0
— 大于10.1

图6-22 休息日地铁流量

注：每条地铁线路都分上行和下行流量，流量按自然间断点分级法分为6个等级，仅代表识别出的用户值。

---

① 顾村地区的宝山龙湖天街于2017年12月开业，金桥地区的金桥国际广场和久金购物中心分别于2015年底和2016年初陆续开业。在本研究采集数据时尚未开业或形成规模，故缺少商业中心地区仅表示2015年11月的情况。

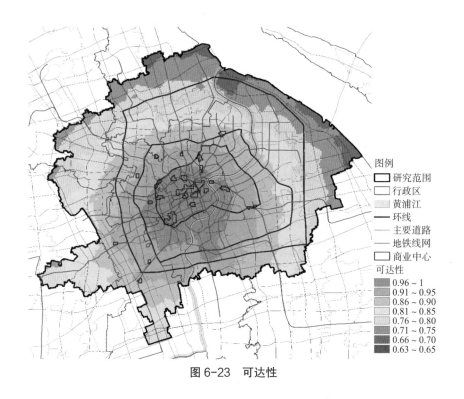

图 6-23　可达性

　　虽然商业中心更趋于多中心体系，规划公共活动中心的商业功能也是按照多中心分级布置的，但由于历史上传统商业中心南京东路、四川北路、南京西路等，以及 2000 年代形成的中山公园、徐家汇等商业中心都位于内环内，交通网络，特别是地铁线网建设在一定程度上需要与之相适应，最终形成的单中心交通网络拉大了内环与外环周边地区的可达性差异。即使近年来内环内高等级商业中心的集聚趋势有所减弱，内环外确实存在一些商业中心，例如只有一条地铁的五角场仍有较高人气（游憩活动强度视角等级位列第三），宝山万达已建成（未被识别为城市级商业中心），但在集聚经济规律，以及对历史上既有商业中心的路径依赖作用下，在内环外建设、形成大规模、高等级商业中心成本较高，能吸引到的顾客较少，传统商业中心的规模对居民的吸引力和空间影响力仍远大于新兴商业中心，导致外环周边地区与内环产生了大量出行联系。使用手机信令数据计算作为居住地的基站平均出行距离，以反距离权重法做空间插值分析，表示游憩者从居住地到游憩地的平均出行距离空间分布特征（图 6-24），也证明了这点：居住在外环周边地区的游憩者平均出行距离最长。

　　因此，商业中心空间分布与交通网络的单中心形态有较大相关性，是在两者的长期相互作用与反作用过程，以及背后的集聚经济规律对传统中心的路径依赖的共同作用下形成的。

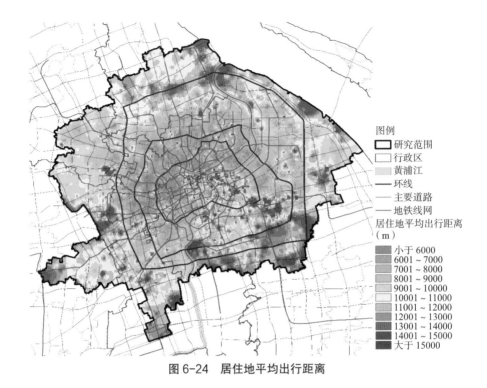

图 6-24　居住地平均出行距离

6.5.2　商业中心能级影响机制

（1）商业中心能级和社会经济属性的关系

上文就业中心体系研究已经证明了就业中心能级与社会经济属性之间的关系，即空间影响力较大的就业中心表现出来的特征往往是就业者多为本地户籍、中年、受教育水平较高、多从事生产性服务业；而就业密度只是一种空间集聚现象。那么商业中心能级与社会经济属性之间是否也存在类似的关系？

根据游憩—居住功能联系数据，汇总每个商业中心游憩人次来源地所属街道，结合六普各街道居民社会经济属性数据（附录 D），可估算各商业中心游憩者的外来人口比例、青年比例、大学以上学历比例、生产性服务业从业比例、租房比例，并分析其与两个视角能级的关系。由表 6-4 可见，游憩活动强度视角能级和这些社会经济属性都无关，说明城市级商业中心的游憩活动依然只是一种空间集聚现象。出行联系视角能级和这些社会经济属性也无关，与就业中心的研究结论不同。这可能是因为当前城市级商业中心之间的差异性在减小，不同商业中心均能提供类似的商品服务，包括商品类型和档次等。本书识别的商业中心也呈这一特征：都有一座及以上商业综合体，入驻超市、电器卖场、服装、餐饮、电影院等，能提供日常生活所需的综合服务。因此，无论居民的社会经济属性如何，一般都会选择就近的商业中心游憩，而很少会舍近求远（上文研究发现游憩—居住活动比就业—居住活动更符合 Huff 模型也证明了这一点）。这就使得出行联系视角能级其实与商业中心周边人口密度的关系更大，而与来商业中心游憩的居民的社会经济属性无关。

商业中心能级与社会经济属性　　　　　　　　　　　　　　表 6-4

	外来人口比例	青年比例	大学以上学历比例	生产性服务业从业比例	租房比例
游憩活动强度视角能级	−0.187	−0.166	0.339	0.204	−0.065
出行联系视角能级	−0.305	−0.373	0.037	−0.080	0.180

在 0.01 水平（双侧）上显著相关

在 0.05 水平（双侧）上显著相关

（2）商业中心等级和服务范围的关系

将各商业中心的主要腹地作为服务范围，计算面积和覆盖人口。由图 6-26 可见，游憩活动强度等级和服务范围无关。出行联系视角等级和服务范围有较高相关性：等级越高，服务范围越大。4 个一级中心服务面积和人口都在 300km²、860 万以上，都高于除豫园外的其他 19 个商业中心；二级中心约在 220km²、630 万左右，高于除豫园和龙阳路外的其他 13 个中心；三级中心基本在 180km²、460 万左右；四级中心则大多在 160km²、360 万以下。当然也有例外，例如豫园和龙阳路，出行联系视角能级只处于第三级，但服务范围却分别位列第 1 位和第 5 位。四级中心天山的服务范围也大于多数三级中心。

等级与服务范围不一致的原因一方面与就业中心相同，即商业中心的服务范围也是由区位、交通条件等因素决定的，与基于"人流"的功能联系判断的等级不存在直接的因果关系。例如龙阳路，虽然等级较低，但因浦东内环外无商业中心，需要服务的范围自然也大。另一方面是由于商业中心提供的商品和服务有差异，例如豫园，某些商品只能在豫园买到或只能在豫园获得满意的服务，只要居民有这方面需求，一般只能选择前往豫园，因此豫园等级较低而服务范围较大。

与就业中心相比，商业中心服务范围随出行联系视角等级提高而增大的趋势更显著。这是由于上海中心城的公共活动中心体系规划更多是从商业功能来考虑的，且游憩—居住活动比就业—居住活动更符合近距离出行多、远距离出行少的规律（Huff 模型已验证）。在规划引导和现实规律两个条件共同作用下，现实中，商业中心服务范围与等级的相关性自然也较高。

（3）商业中心等级和平均出行距离的关系

依据游憩者居住地和游憩地的网络距离计算平均出行距离。由图 6-26 可见，无论是从游憩活动强度还是从出行联系来看，平均出行距离与等级均不相关，这与就业中

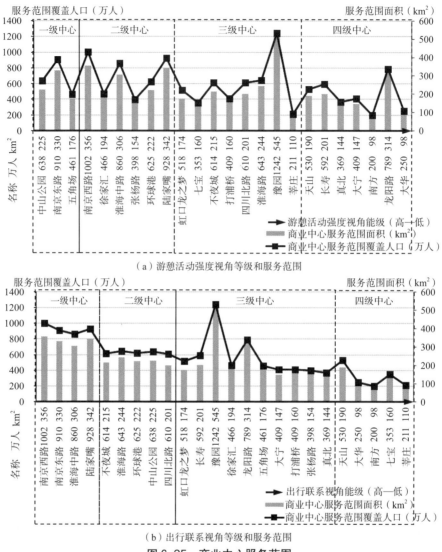

（a）游憩活动强度视角等级和服务范围

（b）出行联系视角等级和服务范围

图6-25　商业中心服务范围

心的研究结论一致。此外，还发现了部分商业中心平均出行距离远高于中心城区平均出行距离（9.2km），但也有10个商业中心平均出行距离在中心城区平均值以下。说明前往商业中心游憩活动的平均出行距离并不是游憩活动中最长的，例如前往郊区度假的出行距离可能更高。共有13个商业中心平均出行距离超过10km，陆家嘴、南京东路、龙阳路甚至超过了14km，远大于就业—居住活动的平均通勤距离。说明居民前往城市级商业中心的游憩活动可承担比就业通勤更高的出行成本。

在就业中心研究中发现职住功能比越高的中心一般平均通勤距离也越长，验证了McMillen的理论。从图6-26可发现，商业中心的游憩、居住功能（下文简称游住功能）比（以商业中心游憩人次与周边1000m网络距离范围内的居住人数之比估算）与平均

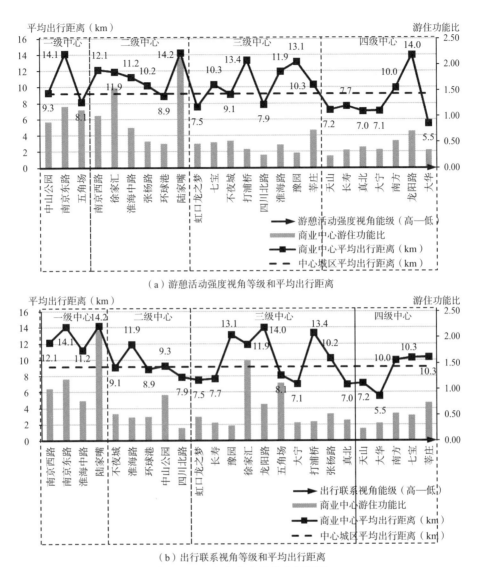

（a）游憩活动强度视角等级和平均出行距离

（b）出行联系视角等级和平均出行距离

图 6-26 商业中心平均出行距离

出行距离也存在类似关系，除豫园、五角场、打浦桥、龙阳路和淮海路外，与平均出行距离的线性相关系数高达 0.84。说明提高游住功能混合度（降低游住功能比），能为居民就近前往商业中心消费提供便利，对缩短游憩出行距离有较显著效果。不符合上述规律的 5 个中心中，五角场游憩功能远多于周边居住功能，但平均出行距离较短，只有 8.1km，这是由于五角场只有一条地铁线通过，又接近尽端，难以吸引到更远距离的居民。其余 4 个中心的游住功能混合度都较高，但平均出行距离依然较长，如浦东商业设施较缺乏、内环外无城市级商业中心，龙阳路是距浦东内环外居民最近的商业中心，需要服务更大范围，前来游憩的居民自然出行距离较长；淮海路和打浦桥由于位于城市中心，交通较便捷，可以吸引更远距离的居民；豫园的出行距离长是由经营特色商品和服务引起的。

6.5.3 商业中心政策影响机制

与就业中心体系相似，上海中心城区商业中心体系形成最直接的政策影响因素也是公共活动中心体系规划。从现状商业中心和分区规划公共活动中心的比较上来看（图6-27、表6-5），现状24个商业中心中有15个与规划大致吻合。规划主中心虽多为历史上业已形成的商业中心，但规划明确了其等级定位。规划副中心徐家汇和江湾—五角场的部分的商业功能也已经形成。规划26个地区中心中有14个已实施，其中打浦桥、大宁、长寿、中山公园超出规划等级，被本书识别为城市级商业中心，其余中心虽然规模未达到规划预期（游憩活动强度相对较低未被本书识别为商业中心），但仍在发挥其地区中心的功能。

除分区规划的公共活动中心体系规划外，《上海市商业网点布局规划纲要（2009—2020）》[①]（下文简称商业网点规划）也对现状商业中心体系形成产生了一定影响。该规划旨在中心城构建"市级、地区级、社区级"三级商业中心体系，在南京东路、南京西路等10个传统市级商业中心的基础上新增新虹桥和中环（真北）两个市级中心，规划22个地区级中心和102个左右社区级中心。现状24个商业中心中有20个与规划市级或地区级商业中心大致吻合。其中真北、南方、大华、七宝、莘庄5个商业中心是公共活动中心体系规划没有的商业中心。商业网点规划将真北定位为市级中心，南方、大华定位为地区级中心，七宝和莘庄定位为新城地区级中心，实际都已成为城市级中心。

上海中心城区商业中心体系形成的另一个政策影响因素是各区政府发展政策。未在公共活动中心体系规划和商业网点规划中出现的环球港是普陀区十二五规划中长寿路商圈的重要组成部分，龙阳路是浦东新区十二五规划重点商业项目之一。这两个商业中心的形成都有各区政府的政策支持。

公共活动中心体系规划和商业网点规划对现状商业中心形成起到了一定引导作用。而且与就业中心体系不同，公共活动中心体系规划的地区中心都规划有商业功能，规划商业中心体系较完善。从空间分布来看，现状商业中心体系的多中心趋势确实比就业中心体系显著。但由于规划高等级公共活动中心多在内环内，这种等级上的单中心分布，加之有2个规划副中心和半数以上地区中心未实现、已实施的地区中心规模偏小，导致内环外公共活动中心的商业功能规模有限，现状商业中心仍有待于向多中心体系发展。

---

① 商业网点规划批复版本是《上海市商业网点布局规划（2014—2020）》，与2009版纲要相比发生较大变化，将虹口龙之梦、天山纳入市级商业中心，内环外的大宁、真如、中环（真北）等商业中心提升为市级中心，但仍未将龙阳路和环球港纳入市级或地区级商业中心。

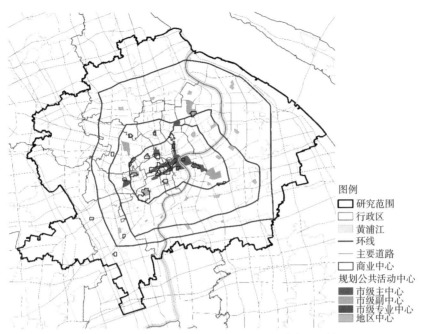

图 6-27　现状商业中心与规划公共活动中心比较

规划公共活动中心商业功能实施情况　　　　　　　　　　表 6-5

规划等级		名称	规划功能	规划实施情况	备注
市级中心	主中心	豫园市级商业中心	商业	实现	—
		人民广场市政文化中心	就业	实现	—
		金陵东路市级商业街	商业	实现	—
		南京西路市级商业街	综合	实现	—
		南京东路市级商业街	商业	实现	—
		淮海路市级商业街	综合	实现	—
		淮海中路市级商业街	商业	实现	—
		中央商务区（外滩部分）	就业	未实现	—
		四川北路市级商业街	综合	实现	—
		不夜城市级商业中心	商业	实现	—
		中央商务区（陆家嘴部分）	综合	实现	—
		张杨路市级商业街	商业	实现	—
	副中心	徐家汇市级副中心	综合	实现	—
		江湾—五角场市级副中心	商业	实现	江湾未建
		花木市级副中心	综合	未实现	实际成为文化中心
		真如市级副中心	综合	未实现	—
	专业中心	大柏树市级工贸中心	商业	未实现	—
		虹桥市级涉外贸易中心	就业	未实现	—
地区级中心		打浦桥地区中心	综合	实现	超出规划等级

续表

规划等级	名称	规划功能	规划实施情况	备注
地区级中心	大宁地区中心	商业	实现	超出规划等级
	古美地区中心	商业	未实现	—
	南站地区中心	商业	未实现	—
	龙华地区中心	商业	未实现	—
	凌云地区中心	商业	实现	—
	田林地区中心	商业	实现	—
	上海大学地区中心	商业	实现	—
	庙行地区中心	商业	实现	—
	新江湾地区中心	商业	实现	—
	控江路地区中心	商业	实现	—
	长白地区中心	商业	未实现	—
	老西门地区中心	商业	实现	—
	长寿地区中心	商业	实现	超出规划等级
	中山公园地区中心	综合	实现	超出规划等级
	虹桥地区中心	商业	实现	—
	浦兴地区中心	商业	未实现	已无可开发用地
	高桥地区中心	商业	未实现	—
	北蔡地区中心	商业	未实现	—
	三林地区中心	商业	未实现	—
	洋泾地区中心	商业	未实现	—
	张江地区中心	商业	未实现	—
	周家渡地区中心	商业	未实现	—
	塘桥—花木地区中心	商业	未实现	已无可开发用地
	金杨地区中心	商业	未实现	—
	康桥—御桥地区中心	商业	实现	—

6.6 就业中心体系和商业中心体系的关系

就业中心体系和商业中心体系是两种不同功能的中心体系，根据上文研究结论，两者存在以下差异。一是集聚人流的内部机制不同，商业中心集聚人流以就近为主，就业中心集聚人流还会受家庭、房价、环境等多种因素影响（详见6.3.2）。二是商业中心比就业中心更趋于多中心体系，受集聚经济规律影响，高等级就业中心需要向心集聚，而随着当前商业中心相互之间差异性减小，商业中心需要更加均衡的空间分布以便更好地服务城市居民。

　　即便存在上述差异，现状 28 个就业中心和 24 个城市级商业中心中仍有 15 个中心属于就业、商业功能综合的中心（虽然范围大小和空间位置存在差异），以一级、二级中心居多，除中山公园和五角场外均位于发展较成熟、功能混合程度较高、最具活力的内环以内地区（图 6-28、表 6-6）。这些中心往往呈高强度开发特征，呈底层商业上层办公的商业综合体开发形式。

　　因此，基于就业中心体系和商业中心体系的研究结论，笔者认为，首先，就业中心体系和商业中心体系是两种不同功能的中心体系，规划需要分别考虑。上海 2004 年版分区规划的公共活动中心虽规划了就业、商业、行政、文化等多种功能，但除商业功能外，其余功能并不成体系，特别是未构建完善的就业中心体系，就业中心体系仍需下层次规划细化落实。其次，就业中心和商业中心虽有差异，但并不相互排斥，有共存的条件和基础。在土地集约利用、功能混合的价值导向下，应倡导建立就业、商业综合功能的城市中心。

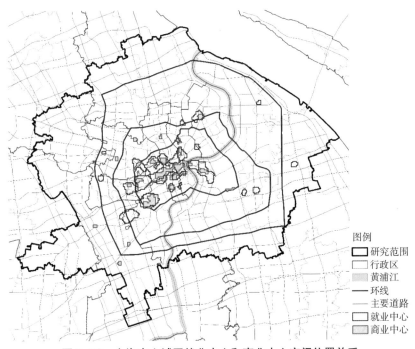

图 6-28　上海中心城区就业中心和商业中心空间位置关系

上海中心城区就业中心和商业中心对照表　　　　　　　　　　　　表 6-6

	就业中心	就业密度视角等级	通勤联系视角等级	商业中心	游憩活动强度视角等级	出行联系视角等级
就业、商业功能综合中心	南京东路外滩	1	2	南京东路	1	1
	南京西路	1	1	南京西路	2	1
	陆家嘴	1	2	陆家嘴	2	1

图例
▢ 研究范围
▢ 行政区
▨ 黄浦江
── 环线
── 主要道路
▢ 就业中心
▨ 商业中心

续表

就业中心	就业密度视角等级	通勤联系视角等级	商业中心	游憩活动强度视角等级	出行联系视角等级
张杨路	1	2	张杨路	2	3
四川北路	1	2	四川北路	3	2
不夜城	1	2	不夜城	3	2
五角场	2	3	五角场	1	3
中山公园	2	2	中山公园	1	2
徐家汇	2	2	徐家汇	2	3
长寿	2	2	长寿	4	3
淮海中路	3	2	淮海中路	2	1
淮海路	3	2	淮海路	3	2
打浦桥	3	2	打浦桥	3	3
虹口龙之梦	4	3	虹口龙之梦	3	3
豫园	4	3	豫园	3	3
漕河泾经济技术开发区	2	3	环球港	2	2
虹桥临空经济园区	2	3	七宝	3	4
虹桥涉外贸易中心	2	2	莘庄	3	4
浦东软件园	2	3	大华	4	4
苏河湾	2	2	大宁	4	3
银行卡产业园	2	4	龙阳路	4	3
曹杨路	3	2	南方	4	4
大柏树	3	3	天山	4	4
大连路	3	3	真北	4	3
外高桥	3	4	—	—	—
张江	3	3	—	—	—
曹安	4	4	—	—	—
陆家浜	4	3	—	—	—

就业、商业功能综合中心；就业或商业单一功能主导的中心。

6.7 本章小结

本章以手机信令数据获取的游憩—居住功能联系数据为基础，关注城市级商业中心，从空间形式和功能联系两个视角描述和解释上海中心城区商业中心体系。

首先，对游憩—居住功能联系数据中的游憩地数据做核密度分析，得到游憩活动强度分布，再用热点分析识别游憩活动强度高值聚类区，依据传统认知和规划，结合商业用地确定了24个商业中心，发现地铁、黄浦江、延安路高架会影响腹地范围（腹地沿地铁分布，黄浦江、延安路高架对腹地有空间分隔作用）。随后，分别从游憩活动强度和出行联系两个视角测度能级，即单位面积对游憩者的吸引力越大、空间影响力越大的中心能级越高。从商业中心的空间分布和游憩活动强度视角的等级分布来看，上海中心城区商业中心较就业中心更趋于多中心体系，但从出行联系视角的等级分布来看，主中心强大的弱多中心体系特征依然较显著。接下来，依据各空间单元中的游憩者前往各商业中心的人次比例划分势力范围，发现商业中心和势力范围的空间分布呈现出了较弱的中心地—市场区分布特征，但因现实条件过于复杂，并不完全符合中心地理论的假设条件，实际中心地（商业中心）的服务范围与理论有较大差异。商业中心吸引力和规模呈正比、与距离呈反比的特征比就业中心更加符合 Huff 模型的定律，可用校正参数（游憩—居住活动距离衰减系数 2.5）后的 Huff 模型预测规划商业中心的势力范围。最后，依据居民前往商业中心的通勤距离、居住密度，识别出了中心城区内缺少商业中心的地区。

在描述商业中心体系的特征基础上，还进一步分析了商业中心体系的影响机制。发现：①现状商业中心的空间分布是其与交通网络长期相互作用，以及背后集聚经济规律、对传统中心的路径依赖的共同作用下形成的；②由于商业中心提供的服务趋同，其服务对象以就近为主，商业中心的能级与游憩者社会经济属性无关；③出行联系视角等级越高的中心服务范围一般也越大，但受区位、交通条件等因素影响，个别就业中心的服务范围与等级不匹配；④商业中心的平均出行距离与等级基本无关，而与游住功能比的关系更大；⑤现状商业中心都是在 2004 版分区规划和后续各区政府发展政策引导下形成的；⑥规划高等级公共活动中心单中心分布、副中心和地区中心半数以上未实现，制约了现状商业中心向多中心体系发展。

最后，本章还分析了就业中心体系和商业中心体系的关系，提出这是两种不同功能的中心体系，虽然集聚人流的内部机制不同、多中心发展程度不同，规划需要分别考虑，但就业中心和商业中心有共存的条件和基础，应倡导建设就业、商业综合中心。

第7章

功能区划分

虽然就业中心以只占中心城区 4.1% 的面积集聚了 26.9% 的就业岗位，商业中心以只占中心城区 1.2% 的面积集聚了 23.5% 的游憩活动人次，仅依据就业中心和商业中心分析就能大致判断空间结构的主要特征，但仍有 73.1% 的就业者在非就业中心工作，其就业—居住活动对空间结构的影响不容忽视；城市级商业中心的购物、餐饮活动只是游憩活动中的一种，其余非城市级商业中心的游憩活动，逛公园、看展览等非购物、餐饮类游憩活动对空间结构的影响不容忽视。

过去由于功能联系数据较难获取，只能依靠调查、统计资料分析土地、就业岗位、开发强度等要素在空间上的分布形式，很难研究各种功能之间的空间联系。现在得益于手机信令数据可获取就业—居住功能联系数据和游憩—居住功能联系数据。本章将关注由人的活动形成的空间联系，即从功能联系视角，以街道为功能区的空间单元，从空间联系距离和空间联系方向两方面构建街道空间联系网络，分析空间结构中由空间联系形成的功能区。重点解析就业空间结构中的职住空间联系和游憩空间结构中的游住空间联系。

7.1 空间联系距离

7.1.1 职住空间联系距离

7.1.1.1 职住空间联系距离特征

分别以街道作为居住地和街道作为工作地分析职住空间联系距离。首先，将街道作为居住地，统计就业者上班需要通勤的平均距离。由图 7-1 可见，通勤距离呈中心地区最短外围地区逐渐增加的圈层式分布特征：内环内仅有 3000m 左右，中外环之间增加到 6000m 左右，外环外基本在 7000～8000m，最高的泗泾镇高达 9000m 以上。

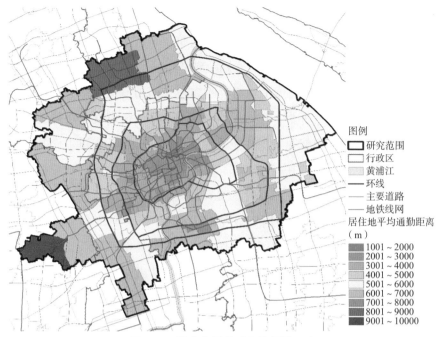

图 7-1　就业者居住地平均通勤距离

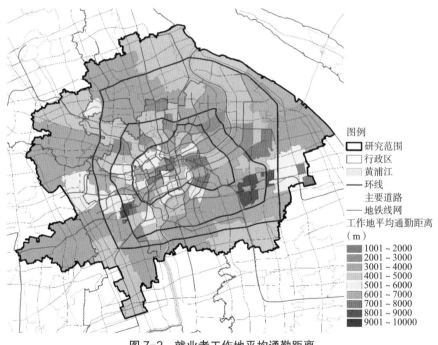

图 7-2　就业者工作地平均通勤距离

随后，将街道作为工作地，统计就业者上班需要通勤的平均距离。由图 7-2 可见，结果与街道作为居住地时的平均通勤距离分布基本相反，但圈层递减的规律不如街道作为居住地时明显，沿地铁 2 号线、9 号线通勤距离较长的特征较显著。中心地区平均通勤距离较长，向外逐渐减小。内环内基本在 6000m 左右，中外环之间下降到 4000m 左右，中心城外中心城区内进一步下降到 3000m 左右。平均通勤距离最长的漕河泾和张江高科技园区这两个街道平均通勤距离都超过了 8500m。

由上述分析可知：作为居住地平均通勤距离较长的街道，在作为工作地时，其平均通勤距离往往较短，反之亦然。这也符合一般规律：当街道就业功能较多、居住功能较少时，在此街道居住的就业者往往能实现就近就业，在此街道工作的就业者因该街道提供的居住功能有限，其中一部分就需要居住到其他街道。根据地理学第一定律，邻近街道的就业居住功能也存在相似性，又有部分就业者需要居住到更远的街道。当街道居住功能较多、就业功能较少时则呈现相反的规律。

若某一街道无论是作为居住地还是工作地平均通勤距离都较长，则与上述规律不符。说明该街道职住功能不匹配：居住在该街道的就业者未能在该街道及邻近街道找到工作，在该街道工作的就业者未能在该街道及邻近街道找到住房。这可能是由于住房和产业不匹配，导致就业者无法就近找到合适的工作或住房造成的；也有可能是就业或居住功能过于单一，导致无法为就业者就近提供充足就业岗位或住房造成的。若某一街道无论是作为居住地还是工作地平均通勤距离都较短，则也与上述规律不符。但这种情况值得鼓励，说明该街道职住功能匹配：居住在该街道的就业者能在该街道及邻近街道找到工作，在该街道工作的就业者能在该街道及邻近街道找到住房。依据这一规则，计算街道作为居住地相对于作为工作地的平均通勤距离拟合直线的标准残差。某一街道标准差大于 1.96，说明拟合直线可在 1% 显著性水平将该街道判为异常点，即该街道作为居住地平均通勤距离超出正常值；标准残差小于 –1.96，说明该街道作为居住地平均通勤距离小于正常值。作为工作地的街道也使用相同方法计算标准残差。按表 7-1 的标准进行职住匹配评价。

由图 7-3 可见，五角场街道、四平路街道、曲阳路街道、真如镇、豫园街道这 5 个街道作为工作地或居住地平均通勤距离都小于正常值，职住功能较匹配。张江镇职住功能不匹配；张江高科技园区、高东镇、漕河泾新兴技术开发区作为工作地通勤距离过长；顾村镇、泗泾镇、东明路街道作为居住地通勤距离过长。这些街道职住空间问题较大，需要重点关注。

其中张江镇周围住宅开发时序、迁入居民的社会属性均不利于就近工作、就近居住，上海规划界对此已有经验性认识。过去仅依据职住比可能无法证实这一问题，使用移动定位大数据能观测到这一地区职住功能不匹配。因后续讨论属于职住平衡问题，不在本书讨论范围内。

职住匹配评价标准　　　　　　　　　　　　　　　　　　表 7-1

评价结果	街道作为工作地平均通勤距离标准残差	街道作为居住地平均通勤距离标准残差
不匹配	$(1.96, +\infty)$	$(1.96, +\infty)$
较不匹配	$(1, 1.96]$	$(1, 1.96]$
工作地通勤距离过长	$(1.96, +\infty)$	$(-\infty, 1.96]$
居住地通勤距离过长	$(-\infty, 1.96]$	$(1.96, +\infty)$
较匹配	$[-1.96, -1)$	$[-1.96, -1)$
匹配	$(-\infty, -1.96)$	$(-\infty, -1.96)$

注:标准残差不在表中范围内的街道符合一般规律。

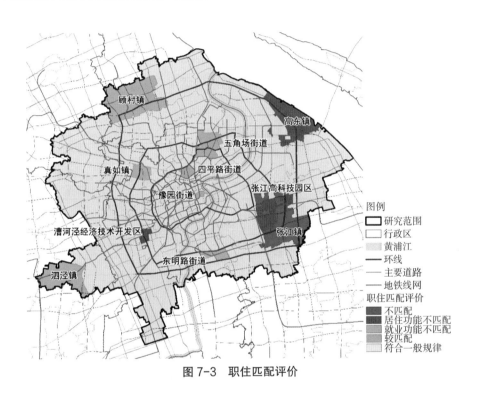

图 7-3　职住匹配评价

7.1.1.2　职住空间联系距离影响机制

一般来说本地户籍居民因有一定的经济基础,往往愿意承担更高的住房成本以减少通勤成本,节省时间休闲、娱乐,其平均通勤距离一般较短;外来人口经济能力有限,往往愿意承担更高的通勤成本以降低住房成本,其平均通勤距离一般较长。地铁出行方便的街道由于能缩短时空距离往往会增加通勤距离,平均通勤距离一般较长。

基于上述假设,平均通勤距离可能与就业者的社会经济属性、地铁服务水平有某些相关性,当然上文已经发现平均通勤距离与区位也有较高相关性(表 7-2 中也证明了街道作为居住地平均通勤距离与其距城市中心的直线距离成正比,这可能是由于中心地区房价高企,外来人口只能聚居在外围地区)。据此,结合六普各街道居民社会经济属性数据（附录D），分析作为居住地的街道平均通勤距离与该街道居住的外来人口比例、青年比例、大学以上学历比例、生产性服务业从业比例、租房比例的关系。发现平均通勤距离与外来人口比例、青年比例呈正比，与大学以上学历比例成反比（表7-2）。说明中年、高学历的本地户籍居民平均通勤距离较短，年轻、低学历的外来人口（下文简称外来人口）平均通勤距离较长，与假设基本相符。

以地铁站为圆心作500m缓冲区，将各街道的缓冲区面积占比作为地铁服务水平，计算其与平均通勤距离的关系（表7-2）。发现距城市中心较远的街道地铁服务水平较差，居住在此的就业者因为附近缺少就业岗位仍不得不长距离通勤。说明地铁服务水平并不能影响居民是否长距离通勤，与假设不符。就业者为了外出就业，会使用其他交通工具或仍使用地铁外出就业。图7-4显示的居住地站点流量也证明了外环周边虽然地铁服务水平较差，但使用地铁外出就业的人依然很多。

平均通勤距离影响因素　　　　　　　　　　　　　表7-2

	就业者社会经济属性					街道空间属性	
	外来人口比例	青年比例	大学以上学历比例	生产性服务业从业比例	租房比例	地铁服务水平	距人民广场的距离
街道作为居住地平均通勤距离	0.345**	0.402**	−0.368**	−0.141	−0.111	−0.646**	0.807**

**. 在0.01水平（双侧）上显著相关

*. 在0.05水平（双侧）上显著相关

图7-4　居住地站点流量

注：站点流量按自然间断点分级法分为7个等级，仅代表识别出的用户值。

7.1.2　游住空间联系距离

7.1.2.1　游住空间联系距离特征

以街道为空间单元，统计每个街道作为居住地，游憩者外出游憩需要出行的平均距离。由图 7-5 可见，平均出行距离的空间分布与就业者居住地平均通勤距离相似，也呈由中心地区向外围地区逐渐增加。不同的是平均出行距离最短的地区并不在人民广场，而是在内环东北沿线，浦西中环内的地铁 2 号线以北地区平均出行距离基本都小于 7000m。浦东的街道平均出行距离远大于浦西，陆家嘴街道虽在内环内，但其平均出行距离已经超过了 10000m，浦东南部外环周边街道的平均出行距离超过了12000m。居住地平均出行距离与可达性的圈层式分布形态不一致，这可能与浦东缺少可作为游憩目的地的公共服务设施有关。此外，各街道的平均出行距离也远大于平均通勤距离，超过 10000m 的街道达到了 24 个。说明居民，特别是浦东地区的居民，对于休息日偶尔的外出游憩活动需要承担更高的出行成本。

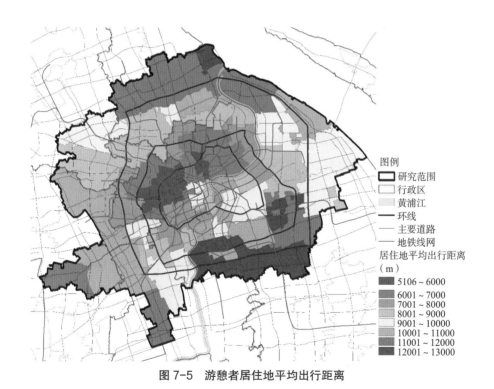

图 7-5　游憩者居住地平均出行距离

以街道为空间单元，统计每个街道作为游憩活动目的地，游憩者前来游憩需要出行的平均距离。由图 7-6 可见，街道作为游憩地的平均出行距离分布呈外环周边和内环苏州河以南长、浦西中心城内地铁 2 号线以北短的特征。与工作地和居住地平均通

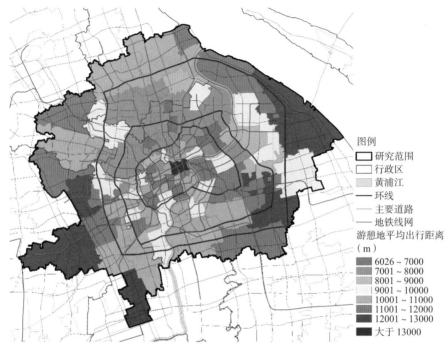

图 7-6　游憩者游憩地平均出行距离

勤距离分布相反不同，游憩地平均出行距离分布并未与居住地平均出行距离相反。外环周边街道作为游憩地平均出行距离依然很长，基本都在 10000m 以上，这可能是由于这些地区虽然公共服务设施较少，但多需要服务全市居民，如上海动物园、东方体育中心等，只要有居民前来游憩，一般出行距离都较远。浦西中环内的地铁 2 号线以北地区平均出行距离仍然相对较短，基本都在 8000m 以下，这可能是由于这一地区公共服务设施配套较完善，人口密度又相对较高，设施都能较好服务周边居民。只有浦西内环内地铁 2 号线以南地区平均出行距离与作为居住地时相反，最长的外滩和南京东路街道超过 13000m，这与这一地区高等级商业中心、市级文化设施高度集聚有关。作为游憩地平均出行距离超过 10000m 的街道有 52 个，再次证明了游憩活动平均出行距离远大于就业活动，居民对于休息日偶尔的外出游憩活动可承受更高的出行成本。

考虑到游憩活动属于非规律性活动，大多数展览中心、音乐厅、体育场等文化、娱乐、体育场馆本身就是服务全市居民的，有的居民倾向于在休息日前往郊野公园、农家乐等离家较远的目的地游玩。因此，若像就业—居住活动那样根据平均出行距离的空间分布特征研究游住空间匹配问题可能意义不大。游憩活动的平均出行距离更多地与居民个人喜好、年龄、收入等因素有关（下文影响机制分析将会具体论述）。

7.1.2.2　游住空间联系距离影响机制

上文职住空间联系距离影响机制研究已经发现了平均通勤距离与区位有关，集聚在外环周边地区的外来人口平均通勤距离较长。依据一般常识，游憩活动的平均出行距离其实也存在类似特征：一般来说本地户籍居民会占据优质公共资源（虽然存在部分居民倾向于休息日远距离外出游憩，但总体来说前往商业、文化、体育等设施的游憩活动应占主导），前往公共服务设施游憩的平均出行距离会较短。并且由于中心地区公共服务设施配套相对完善，居住在这些地区的居民平均出行距离也会较短。

结合六普各街道居民社会经济属性（附录 D）的分析结果（表 7-3）也证明了上述假设：街道作为居住地平均出行距离与该街道居住的外来人口比例、青年比例、租房比例呈正比，与大学以上学历比例、生产性服务业从业比例呈反比。说明中年、高学历、高收入的本地户籍居民平均出行距离较短，年轻、低学历、低收入的外来人口（下文简称外来人口）平均出行距离较长。街道作为居住地平均出行距离与其距人民广场的直线距离呈正比（表 7-3），也与假设相符。

而从地铁服务水平来看，地铁并未能很好地满足外来人口长距离出行需求。外环周边地区在休息日作为居住地流量大的站点恰恰是地铁服务水平较差的地区（表 7-3），居住在此的居民因附近缺少公共服务设施仍不得不长距离出行。图 7-7 显示的居住站点流量证明外环周边虽然地铁服务水平较差，但使用地铁外出游憩的人依然很多，说明与职住空间联系距离影响机制相同，地铁服务水平不会影响居民是否长距离出行。

平均出行距离影响因素　　　　　　　　　　　　　　　　　表 7-3

	游憩者社会经济属性					街道空间属性	
	外来人口比例	青年比例	大学以上学历比例	生产性服务业从业比例	租房比例	地铁服务水平	距人民广场的距离
街道作为居住地平均出行距离	0.535**	0.549**	−0.406**	−0.316**	0.267**	−0.455**	0.681**

**. 在 0.01 水平（双侧）上显著相关

*. 在 0.05 水平（双侧）上显著相关

图 7-7　居住地站点流量

注：站点流量按自然间断点分级法分为 7 个等级，仅代表识别出的用户值。

7.2　空间联系方向

7.2.1　职住空间联系方向

7.2.1.1　职住空间联系方向特征

从就业—居住功能联系数据中筛选出居住地和工作地都在中心城区内的数据。按街道汇总联系量，得到 125 个街道 × 125 个街道的联系量矩阵（表 7-4）。将互有联系的街道联系量相加后赋值给街道质心的连线，表示街道两两之间的联系紧密程度，构建街道之间就业—居住功能联系网络。计算各街道吸引量和流出量之差，正值表示该街道为吸引型，负值表示该街道为流出型。由图 7-8 可见，内环内的街道基本为吸引型，外环周边街道基本为流出型，表明就业—居住活动有较强的向心性，与上文相关结论一致。

街道就业—居住功能联系量		表 7-4
居住地街道	工作地街道	联系量（人）
张江镇	陆家嘴街道	202
陆家嘴街道	张江镇	22
曲阳路街道	南京西路街道	33
南京西路街道	曲阳路街道	1
……	……	……

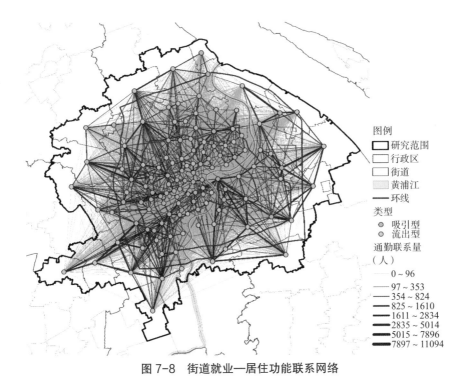

图 7-8 街道就业—居住功能联系网络

　　一般来说行政区划和自然、人工界限一定程度上会影响人的行为、对人的活动形成空间阻隔，从而形成由若干相互联系紧密的街道组成的分区。但因街道较多，仅凭观察很难区分哪些街道联系最紧密。这里引入社区发现（Community Detection）算法进行定量分析。其原理是根据各节点（这里是街道质心）之间的联系，将节点分为若干个组，以达到组内联系紧密、组间联系稀疏的目的（图 7-9）（Girvan，*et al*，2002）。社区发现有贪婪算法、模拟退火算法、极值优化算法等多种算法（程学旗，等，2011），本书使用 Blondel 等学者于 2008 年提出的贪婪算法（Fast Unfolding）（Blondel，*et al*，2008），该算法是当前公认的最好的社区发现算法之一（至 2017 年 8 月在 Web of Science 上已有 2150 次被引）。其计算流程分为两步。第一步，将节点随机分成若干社区，按顺序将节点在社区间移动，分别计算社区内联系量和随机网络的社区内联系量期望值之差（Modularity），将节点移动到 Modularity 变化值最大的组中，直至网络中任何节点的移动都不能提高 Modularity 为止。第二步，将第一步得到的社区作为新的节点，新节点之间的联系量为第一步得到的社区间的联系量之和，重复第一步的方法，对节点再次聚类。这个过程可以不断进行下去，通过分辨率（Resolution）控制最终的社区数量。上述流程可借助计算机（Gephi 软件）实现，快速得到计算结果。

　　在 Gephi 中对中心城区的就业—居住功能联系数据进行模块度（Modularity）分析

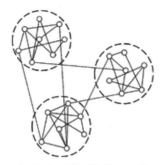

图 7-9 社区发现法原理

注：在同一个虚线圈里的节点分析结果属于同一社区。

资料来源：GIRVAN M, NEWMAN M E. Community structure in social and biological networks [J]. Proceedings of the National Academy of Sciences of the United States of America，2002，99（12）：7821-7826.

（参数设置为非随机、使用边权重，分辨率①=1），125 个街道被分成 5 组（图 7-10）。分别是主要由新江湾—大场—北外滩—闸北等地区组成的 1 分区、真如—南翔—虹桥等地区组成的 2 分区、外滩—三林—北蔡等地区组成的 3 分区、南站—莘庄等地区组成的 4 分区、外高桥—金桥—张江等地区组成的 5 分区。这 5 个分区呈由中心向外发散的扇形结构，其中前 4 个分区与内环有联系，考虑到内环内街道多为吸引型，说明由就业—居住活动形成的分区依赖于通向内环的通勤而形成。4 分区与内环联系不如前 3 个分区紧密，这与内环外的漕河泾新兴技术开发区及周边街道分流部分就业岗位有关；5 分区未与内环联系而形成单独的分区与外高桥保税区、金桥出口加工区、张江高科技园区 3 个街道是功能单一的就业吸引型街道、能集聚大量就业岗位有关。五角场街道虽然也是吸引型街道，但未能从 1 分区中分离出来，说明五角场街道在分辨率=1 的尺度上分流就业岗位的能力还有限。

从 5 个分区的空间范围来看，证明了上文提出的假设：行政区划和自然、人工界限会影响就业—居住活动的空间范围。其中行政区划对分区有较显著影响。1 分区与 2 分区的边界基本与静安区—闸北区、普陀区—宝山区的行政边界一致；1 分区与 3 分区的边界与闸北区—黄浦区、虹口区—黄浦区的行政边界一致；2 分区与 3 分区的边界与黄浦区—静安区、原卢湾区—静安区、徐汇区—静安区的行政边界一致；2 分区与 4 分区的边界与长宁区—闵行区、长宁区—徐汇区的行政边界一致。说明即使在中心城区内，跨行政区的交通联系不会显著增加通勤成本，但行政区划对就业—居住活动范围还是会产生较强影响。从分区结果来看，2011 年将卢湾区和黄浦区合并符合就业—居住活动规律，而 2015 年将静安区和闸北区合并则与就业—居住活动规律相悖，静安区与普

---

① 分辨率（Resolution）越低将得到更小尺度的分组（分组数越多），分辨率越高将得到更大尺度的分组（分组数越少）。

陀区和长宁区的通勤联系更加紧密。

河流、高架、地铁等自然、人工界限对分区有较大影响。黄浦江分隔了 1 分区和 5 分区、3 分区和 4 分区，苏州河分隔了 1 分区和 3 分区。这与这些分区跨江交通联系不便有关，3 分区所在的黄浦江两岸就不同，有 5 条地铁线、4 条隧道、2 座大桥联系。延安路高架分隔了 2 分区和 4 分区，浦东罗山路高架分隔了 3 分区和 5 分区。

再次使用社区发现算法，将分辨率提高到0.5，125 个街道被分为9个分区（图 7-11）。其中 1 分区中进一步分出了虹口区—杨浦区（1—2 分区），2 分区中进一步分出了静安区及周边 5 个街道（2—2 分区）和长宁区—闵行区北部（2—3 分区），3 分区则将黄浦江两岸的街道划为两个分区。4 分区和 5 分区未再进一步划分。说明从更小的尺度来看，在原有扇形结构的基础上，浦西呈现更加紧密的小范围内通勤联系的特征。上述行政区划和自然、人工界限对就业—居住活动的空间阻隔作用依然较明显，其中静安区和黄浦区相对更加独立、黄浦江和苏州河的空间分隔作用更加显著。但无论是 5 个分区还是 9 个分区，内环、中环和外环的空间分隔作用不明显。

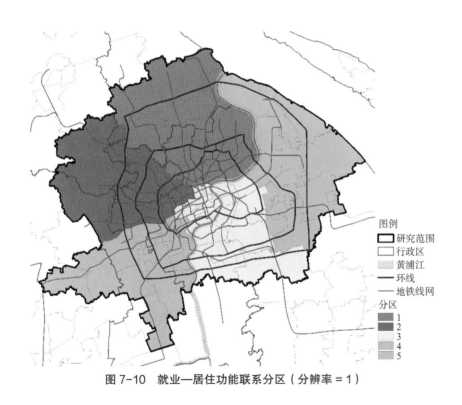

图 7-10　就业—居住功能联系分区（分辨率 = 1）

7.2.1.2　职住空间联系方向影响机制

由上文可知，行政区划和自然、人工界限是影响就业—居住功能联系分区边界的两个因素。一般认为在城市内部，行政区划不会像区域空间那样因政策差异、交通衔

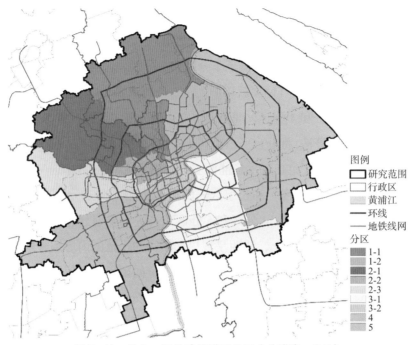

图 7-11　就业—居住功能联系分区（分辨率＝0.5）

接等问题显著影响人的行为，但实际上行政区划依然会影响就业—居住活动范围。这可能与行政区划在社会经济活动中发挥的空间限定作用有关。例如，在虹口区工作的就业者选择居住地时往往会优先考虑虹口区，然后是邻近行政区，反之亦然。相同行政区代表了"距离近""方便"等空间概念，对就业—居住活动产生了潜移默化的影响。此外，虽然中心城区内的主要道路是统一规划建设的，但不同行政区之间支路的连贯性并不如快速路和主次干路，对跨行政区的交通联系也会造成一定影响。黄浦江两岸虽然有桥梁、隧道、地铁联系，但非机动车和步行交通仍要依赖轮渡，通行效率较低，限制了短距离跨江出行的需求。特别是当行政区划的边界和会阻隔交通联系的自然、人工界限一致时，这种影响更加显著。

再者，由第 2 章中的空间结构模型可知，空间结构的扇形模式在很大程度上与交通走廊有关，不同社会阶层的居民也会沿交通走廊分布在不同扇面上（Yeates，*et al*，1980）。因此，交通网络的放射形态和社会经济属性相似的居民空间聚居可能是职住空间联系背后的两个影响机制。

据此，首先分析交通网络对职住空间联系的影响。上文已经对中心城区交通网络形成的可达性做了分析，呈同心圆圈层状（图 5-29），但若仅从地铁线网来看，其实存在较显著的由中心向外呈指状放射的形态。由于地铁建设与内外环之间潮汐式通勤需求相适应，地铁其实可以代表中心城区内的交通走廊（需要说明的是实际交通走廊可能是道路，由于地铁线比道路更清晰，这里以地铁描述交通走廊可能更简单，也更易于理解联系方向）。由图 7-11 可见，浦西地区基本每两条地铁线组成一个扇面，浦东两个分区虽不明显，但也有沿地铁分布的特征。

其次，再分析居民社会经济属性对职住空间联系的影响。这里引用唐子来用六普数据划分的上海中心城社会空间结构（图 7-12）进行解释：2010 年上海中心城社会空间结构呈圈层和多核心（这里的核心不是指中心，是指第一类社会区和第二类社会区呈点状分散分布于各地区）相结合的特征，扇形结构并不显著且在不断弱化（唐子来 等，2016）。这种社会空间结构模式与由职住空间联系形成的分区大相径庭：同一扇面上的就业者虽然居住空间存在圈层分异，但其就业—居住活动却有紧密联系，与假设不符。说明在上海中心城区内，社会经济属性并不是职住空间联系的影响机制。

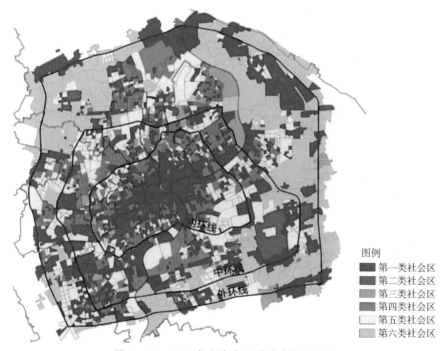

图例
■ 第一类社会区
■ 第二类社会区
■ 第三类社会区
■ 第四类社会区
□ 第五类社会区
■ 第六类社会区

图 7-12　2010 年上海中心城社会空间结构

注：第一类社会区为居住人口较少的城市地区；第二类社会区为知识分子核心聚集区；第三类社会区为以知识分子为主的区域；第四类社会区为离退休和下岗人员聚集区；第五类社会区为白领职业者聚集区；第六类社会区为蓝领职业者和农业人口聚集区。
资料来源：唐子来，陈颂，汪鑫，等。转型新时期上海中心城区社会空间结构与演化格局研究 [J]. 规划师，2016，32（6）：105-111.

7.2.2　游住空间联系方向

7.2.2.1　游住空间联系方向特征

从游憩—居住功能联系数据中筛选出居住地和游憩地都在中心城区内的数据，按街道汇总联系量,得到125个街道×125个街道的联系量矩阵(表7-5),构建街道游憩—居住功能联系网络(图7-13)。内环内的街道基本为吸引型,外环周边街道基本为流出型,再次证明了游憩—居住活动有较强的向心性。

居住地街道	游憩地街道	联系量(人次)
张江镇	陆家嘴街道	1988
陆家嘴街道	张江镇	553
曲阳路街道	南京西路街道	441
南京西路街道	曲阳路街道	34
……	……	……

街道游憩—居住功能联系量　　　　　　　　　　　　　　表7-5

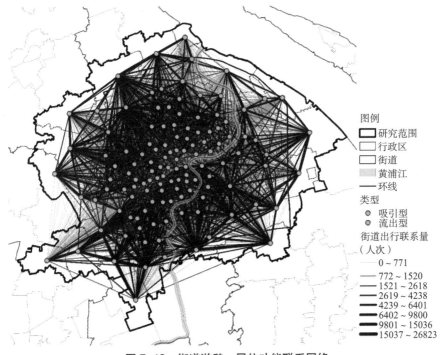

图7-13　街道游憩—居住功能联系网络

使用社区发现算法定量分析各街道之间的联系紧密程度。在分辨率=1时,125个街道被分为4组(图7-14)。分别是主要由新江湾—大场—北外滩—闸北等地区组成的1分区、真如—江桥—虹桥等地区组成的2分区、南站—莘庄等地区组成的3分区、外滩—浦东等地区组成的4分区。这4个分区均呈由中心向外发散的扇形结构,考虑到内环内街道多为吸引型,说明由游憩—居住活动形成的分区依赖于通向内环的出行联系。与就业—居住活动形成的分区相比,浦东只有1个分区,这与浦东缺少公共服

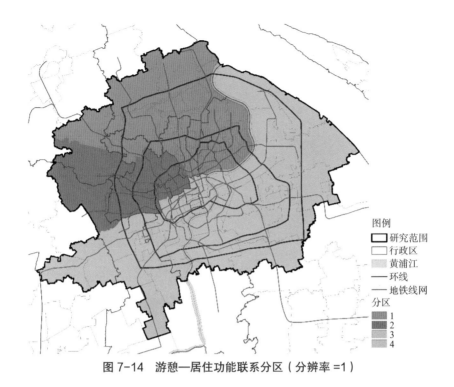

图 7-14　游憩—居住功能联系分区（分辨率 =1）

务设施，且现有设施基本集聚在浦东内环内有关，使得浦东居民需要前往陆家嘴、南京东路等地使用公共服务设施，难以在小范围内解决生活服务。

　　从 4 个分区的空间范围来看，行政区划依然会影响游憩—居住活动的空间范围。1 分区和 4 分区的边界与闸北区—黄浦区、虹口区—黄浦区的行政边界一致；2 分区和 4 分区的边界与静安区—黄浦区的行政边界一致，3 分区和 4 分区的边界与原卢湾区—黄浦区、长宁区—闵行区的行政边界一致。从分区结果来看，静安区与闸北区的出行联系不如与普陀区和长宁区紧密，2015 年将静安区和闸北区合并与游憩—居住活动规律相悖。卢湾区虽然在 2011 年就并入了黄浦区，就业—居住活动形成的分区也表明这两个区有紧密的通勤联系，但从游憩—居住活动来看，卢湾区与徐汇区的联系更紧密。河流、高架、地铁等自然、人工界限对分区的影响与就业—居住活动类似。黄浦江分隔了 1 分区和 4 分区、3 分区和 4 分区，苏州河分隔了 1 分区和 4 分区；延安路高架分隔了 2 分区和 3 分区。

　　再次使用社区发现算法，将分辨率提高到 0.5，125 个街道被分为 10 个分区，其中浦西有 8 个分区，浦东有 2 个分区（图 7-15）。与就业—居住功能联系分区不同，这 10 个分区虽然不是在分辨率 =1 的分区内进一步划分，但空间分布特征与分辨率 =1 时相似，即仍然呈扇形结构。说明从更小的尺度来看，在维持原有扇形结构的基础上，浦西呈现更加紧密的小范围内出行联系的特征。其中虹口区和杨浦区成为独立的分区，

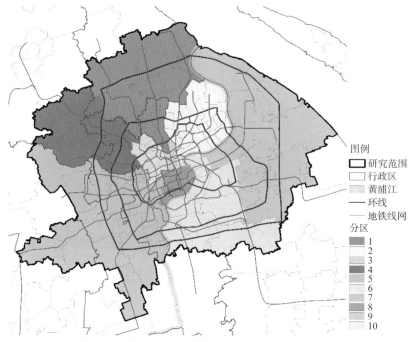

图 7-15　游憩—居住功能联系分区（分辨率 =0.5）

图例
- 研究范围
- 行政区
- 黄浦江
- 环线
- 地铁线网

分区
1
2
3
4
5
6
7
8
9
10

普陀区、嘉定区、长宁区的行政边界对空间的分隔作用更加明显，但内环内的分区受行政区划影响有所减弱。黄浦江、延安路高架对游憩—居住活动的空间分隔作用依然较显著。但无论是 4 个分区还是 10 个分区，内环、中环和外环的空间分隔作用不明显。

7.2.2.2　游住空间联系方向影响机制

与职住空间联系相似，行政区划和自然、人工界限也是影响游憩—居住功能联系分区边界的两个因素。虽然一般认为在城市内部，游憩—居住活动范围并不会受行政区划的直接影响，但实际上行政区划还是会通过潜在的政策因素产生间接影响。例如各行政区在编制规划时，区级公共服务设施一般依据本区常住人口配置。实际使用中就对本区居民使用本区设施产生了引导作用：居民看似是选择就近设施，其实其游憩活动被限定在了本行政区范围内。这种潜在影响在面积较大的行政区中更加明显，例如，杨浦、虹口区和长宁区对游憩—居住活动的空间分隔作用强于静安区、黄浦区和原卢湾区，宝山区、嘉定区和浦东新区则更强。不同行政区之间部分支路不连贯导致的跨区出行联系阻隔、黄浦江限制短距离跨江非机动车和步行交通也会产生空间分隔。

在上文职住空间影响机制分析中已经证明了交通网络的放射形态是职住空间联系的影响机制，社会经济属性则不是；验证了空间结构的扇形模式，扇面沿交通走廊分布，但社会阶层并不沿扇面分布。游憩—居住空间联系也呈相似的特征。交通网络特别是地铁线网由中心向外呈指状放射的形态与内外环之间潮汐式出行需求相适应。可以用地铁代表中心城区内的交通走廊，由此构成游憩—居住功能联系分区扇形结构的骨架。浦西基本由每两条地铁线组成一个扇面。

　　而依据居民社会经济属性分析得到的社会空间结构（图 7-12）呈现的圈层结构与依据游住空间联系分析得到的扇形结构看不到任何相关性。说明在上海中心城区内，社会经济属性并不是游住空间联系的影响机制。这与空间结构扇形模式描述的特征不符，依据居民社会经济属性划分的不同社会阶层并未分布在不同扇面上，而是呈圈层式分布，扇形结构更多地是由空间联系所体现出来的。

7.3　上海中心城区现状空间结构模式

　　空间结构模式的理论探讨始于芝加哥学派的人类生态学研究。同心圆、扇形、多核心 3 种空间结构模式是在实地调查、个人访谈的基础上，通过归纳的方法得到的，是对现状特征的总结。后人在此基础上，有两方面的继承和发展。一是综合 3 种模式特点，提出的理想空间结构模式，很多只是设想，并未得到证实。如 Yeates 综合同心圆、扇形、多核心模式提出的大城市空间结构（图 7-16）：不同类型土地使用将空间划分为传统 CBD—CBD 边缘区—内城—郊区的圈层结构，郊区分布若干商业中心，低收入、中下收入、中等收入、高收入住区沿由高速公路形成的扇面分布（Yeates，1980）。二是使用传统调查、统计资料，通过土地和空间要素分析，总结不同城市的空间结构模式。研究只是描述和解释了空间结构的空间形式，未对功能联系做进一步探讨（详见 2.2.1.2）。

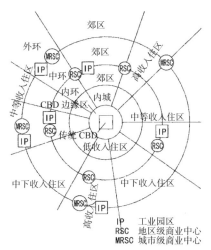

图 7-16　Yeates 大城市空间结构

资料来源：YEATES MH，GARNER BJ. The North American City [M].3th ed. New York：Harper Collins Publishers，1980：208.

上文使用就业—居住功能联系数据和游憩—居住功能联系数据分析了上海中心城区中心体系、功能区划分，从功能联系视角补充了对空间结构的传统认知。将就业中心体系和职住空间联系得到的功能联系分区叠加，代表就业空间结构模式。由图7-17可见，就业空间结构呈"弱多中心体系＋扇形分区"的模式：中心地区就业中心高度集聚，也是传统CBD所在地区，外围分布若干低等级、小规模就业中心；沿以地铁线为代表的放射廊道形成若干扇面（5个主分区和9个次分区）。

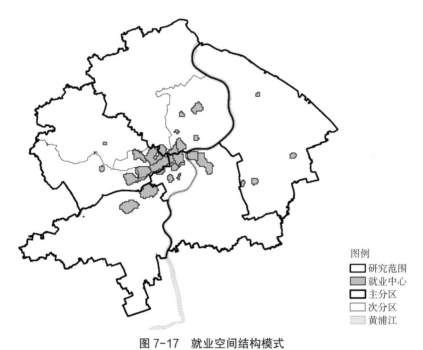

图例
☐ 研究范围
▨ 就业中心
☐ 主分区
☐ 次分区
☐ 黄浦江

图7-17　就业空间结构模式

注：主分区为分辨率=1时划分的分区，次分区为分辨率=0.5时划分的分区。

将商业中心体系和游住空间联系得到的功能联系分区叠加，代表游憩空间结构模式。由图7-18可见，游憩空间结构呈"弱多中心体系＋扇形分区"的模式：中心地区商业中心集聚，也是传统商业区所在地，外围分布若干低等级、小规模商业中心；沿以地铁线为代表的放射廊道形成若干扇面（4个主分区和10个次分区）。

这种"多中心＋扇形"的空间结构模式与Yeates的大城市空间结构模式（图7-16）在某些方面存在相似性：中心地区就业、商业功能高度集聚是传统CBD；就业、商业功能集聚形成的就业中心和商业中心呈多中心分布；交通网络构成空间结构扇形模式的骨架。不同的是扇形结构与不同社会阶层的空间分异无关（图7-12），而是由功能联系形成的功能联系分区体现出来。

传统对上海中心城区空间结构的认识一般是南京东路、陆家嘴、五角场等"中

图 7-18 游憩空间结构模式

注：主分区为分辨率 =1 时划分的分区，次分区为分辨率 =0.5 时划分的分区。

图例
研究范围
商业中心
主分区
次分区
黄浦江

心＋内环"、中环和外环 3 个圈层的结构。但从功能联系视角来看，表象的圈层结构下，就业—居住功能联系和游憩—居住功能联系呈紧密的向心联系特征，将中心城区划分为若干联系紧密的扇面。各扇面上，不同社会阶层居民即使居住空间存在圈层分异，就业、游憩活动仍相互交错，紧密联系。

跳出对上海中心城区空间结构的既有认识，考虑功能联系，本项研究得到的结论其实是易于理解的。例如，普遍认为上海中心城区存在由外围到中心地区的潮汐交通，放射地铁线网助长了潮汐交通，这其实就是对扇形结构的直观感受。只是以往更多地将其视为由圈层式空间结构引起的交通问题，而非空间结构的功能联系特征。从空间形式和功能联系两方面描述空间结构，可以对城市空间结构有更完整的理解。

7.4 本章小结

本章以手机信令数据获取的就业—居住功能联系数据和游憩—居住功能联系数据为基础，从联系距离和联系方向两个方面分析空间结构中功能区之间的空间联系问题。

职住空间联系距离研究将街道作为居住地，分析每个街道的平均通勤距离，发现呈由中心向外围递增的特征，而将街道作为工作地的分析结果则相反。通过相关性分析，发现作为居住地平均通勤距离较长的街道一般位于外环周边，外来人口聚居、地铁服务水平较差，但居住在此的外来人口仍不得不长距离通勤。

游住空间联系距离研究将街道作为居住地，分析每个街道的平均出行距离，发现呈由中心向外递增的特征。将街道作为游憩地的分析结果则呈外环周边和内环苏州河以南长、浦西中心城内地铁 2 号线以北短的特征，且各街道的平均出行距离远高于平均通勤距离。通过相关性分析，发现作为居住地平均出行距离较长的街道一般也位于外环周边，外来人口聚居、地铁服务水平较差，但居住在此的外来人口仍不得不长距离出行。

职住空间联系方向研究构建了街道就业—居住功能联系网络，依据组内联系紧密、组间联系稀疏的原则，将 125 个街道分为 5 个主分区和 9 个次分区。发现就业—居住功能联系分区边界与行政区划和自然、人工界限形成的空间概念限定和交通阻隔有关；就业—居住功能联系分区的扇形结构与以地铁线为代表的放射交通走廊有关；而与居住空间的社会分异关系不大。

游住空间联系方向研究构建了街道游憩—居住功能联系网络，将 125 个街道分为4 个主分区和 10 个次分区。发现游憩—居住功能联系分区边界与受行政区划潜在影响的公共服务设施配置和受自然、人工界限影响的交通阻隔有关；游憩—居住功能联系分区的扇形结构与以地铁线为代表的放射交通走廊有关；而与居住空间的社会分异关系也不大。

本章最后总结了上海中心城区现状就业空间结构和游憩空间结构模式，都呈"弱多中心体系＋扇形分区"的模式。使用手机信令数据获取的就业—居住功能联系数据和游憩—居住功能联系数据能有助于从功能联系视角研究空间结构，发现使用传统数据从空间形式视角难以发现的空间结构特征，与用内环、中环和外环划分上海中心城区空间结构圈层的传统认知有较大差异。

8.1　上海中心城区空间结构研究结论

本书从中心体系和功能区两个部分，将空间形式和功能联系两个视角相结合，测度上海中心城区就业空间结构和游憩空间结构。得到以下结论：

（1）中心城区范围

按外环线划定的上海中心城已不是一个独立的空间范围，在中心城工作的就业者中有 14.3% 居住在中心城外，在中心城居住的就业者中有 4.9% 到中心城外工作。中心城的就业活动影响范围大于居住活动影响范围，且沿地铁线分布趋势较明显。中心城就业—居住活动影响范围共涉及 125 个街道，面积为 1180km²。与就业—居住活动相比，中心城游憩—居住活动影响范围更大，共涉及 144 个街道，面积为 1864km²。

将中心城就业—居住活动影响范围主要涉及的 125 个街道作为现状中心城区，这一范围能包含中心城 96% 以上的就业—居住活动和 88% 以上的游憩—居住活动，能包含中心城区 94% 以上的就业—居住活动和 85% 以上的游憩—居住活动，是一个相对独立的空间范围。

（2）中心体系

在中心城区范围内，识别出了 28 个就业中心和 24 个城市级商业中心。无论从空间分布还是等级分布来看，就业中心和商业中心都呈主中心强大的弱多中心体系，商业中心更趋于多中心体系。就业密度（游憩活动强度）视角能级较高的中心就业通勤（游憩出行）联系视角能级一般也较高。各中心腹地和势力范围空间分布受黄浦江、延安路高架等自然、人工界限影响，沿地铁形成飞地和势力范围争夺区。各中心吸引力和规模呈正比、和距离成反比的特征基本符合 Huff 模型的定律，商业中心比就业中心更加符合 Huff 模型，距离衰减系数也更小。友谊路街道、九亭、三林、外高桥等地区既缺少就业中心又缺少城市级商业中心。

研究还发现了若干中心体系的影响机制。如现状中心的弱多中心空间分布特征是其与交通网络的长期相互作用，并在集聚经济规律、对传统中心的路径依赖作用下形成的；通勤（出行）联系视角能级越高的中心一般服务范围也越大；各中心平均通勤（出行）距离和能级无关，与职住（游住）功能混合的关系更大；规划和政策对现状中心体系形成有较大引导作用。

就业中心和商业中心是两种不同类型的中心体系，规划需要分别考虑，但两者有共存的条件和基础，应倡导建设就业、商业综合中心。

（3）功能联系视角下的功能区划分

将街道作为居住地，就业—居住活动的平均通勤距离呈由中心向外递增的圈层式分布特征，将街道作为工作地则相反；将街道作为居住地，游憩—居住活动的平均出行距离也呈由中心向外递增的圈层分布特征，但将街道作为游憩地时并未呈相反的特征，而是呈外环周边和内环苏州河以南长、浦西中心城内地铁2号线以北短的特征。各街道的平均游憩出行距离远高于平均就业通勤距离。根据就业—居住功能联系网络，中心城区可划分为5个主分区和9个次分区；根据游憩—居住功能联系网络，中心城区可划分为4个主分区和10个次分区。就业—居住功能联系分区和游憩—居住功能联系分区都沿以地铁线为代表的放射廊道呈扇形分布。

研究还发现了若干空间联系的影响机制。如作为居住地平均通勤（出行）距离较长的街道一般位于外环周边，外来人口聚居、地铁服务水平较差。但居住在此的居民仍不得不长距离通勤、出行。行政区划、自然和人工界限会通过潜在的空间限定和公共服务设施配置、交通阻隔等因素影响就业—居住和游憩—居住活动的空间范围。特别是当行政区划边界和自然、人工界限位置一致时，这种影响更加显著。

（4）空间结构模式

由中心体系和功能区构成的上海中心城区就业空间结构和游憩空间结构都呈"弱多中心体系＋扇形分区"的模式：中心地区就业、商业功能高度集聚是传统CBD；外围分布若干低等级就业、商业中心；以地铁线为代表的放射交通走廊构成空间结构扇形模式的骨架。功能联系视角下的上海中心城区空间结构扇形模式与内环、中环和外环3个圈层的空间结构传统认知有较大差异。

8.2 上海中心城区空间结构优化建议

基于本项研究，以构建多中心空间结构、减少外出距离（包括职住平衡、就近消费）为价值导向，对上海中心城区就业空间结构和游憩空间结构优化提出以下建议：

（1）调整公共活动中心体系规划，就业功能和商业功能应分别考虑，构建完善的就业中心体系和商业中心体系。

（2）疏解内环以内地区的就业岗位。在缺少就业中心的地区或邻近几个缺少就业中心的地区（图 5-27）集聚形成新的就业中心。

（3）完善外环周边地区的公共服务设施。各类设施应集中布置，以形成规模效应、提升设施使用效率和经营效益。新建城市级商业中心优先考虑布置在缺少商业中心的地区或邻近几个缺少商业中心的地区（图 6-21），同时也不能忽视地区级、社区级商业设施分级配置，最终形成完善的商业中心体系。

（4）提高内环外中心的等级。内环外已有中心若有可再开发用地则可适当扩大规模，为疏解内环以内地区就业岗位、在外环周边完善公共服务设施配置创造条件。分区规划已确定但尚未实施的公共活动中心应加大实施力度。结合新建中心，在内环外形成若干高等级中心。实现空间和等级上的多中心体系。

（5）提倡土地混合利用。在就业中心和商业中心内部及周边地区配套充足的居住功能；在大型居住区内部及周边配套充足的就业岗位和公共服务设施。居住、就业岗位和公共服务设施的类型应相互匹配。通过职住、游住功能调整，为就业者就近居住或工作提供可能，减少长距离通勤；为居民就近解决日常生活服务提供可能，减少长距离出行。重点关注现状职住不匹配的张江、漕河泾、顾村、泗泾等地区。

（6）提倡就业中心和商业中心综合开发。根据本项研究，缺少商业中心的地区往往也缺少就业中心，这些地区如果先建设商业中心，要为后续就业中心的建设留有余地，反之亦然。就业和商业功能混合，既可节约土地和建设成本，还可以使交通等配套设施发挥多重效益。

（7）改变交通网络的单中心布局形态。特别是地铁线网，建议在内环外增加环线，结合高等级、就业和商业功能混合的中心形成若干交通网络节点，以起到截留就业者向内环内就业通勤、居民向内环内购物出行的作用。

（8）弱化行政区之间的隔阂、提高黄浦江两岸短距离跨江交通联系。各行政区不同等级道路都应连续、贯通，公共服务设施配置应跨行政区统筹协调。黄浦江上的桥梁可增加非机动车道，为短距离跨江通勤、出行提供便利。

上述规划建议部分是可以通过城乡规划落实到空间上的，如规划新的就业中心和商业中心、用地功能调整；部分只是规划策略，需要相关政策加以配合。因此，构建多中心空间结构不能仅依靠城乡规划，需要经济部门、交通部门等多部门共同协作。

8.3　本研究的特点

本书不是基于移动定位大数据提出新的理论，而是基于已有理论，使用移动定位大数据对过去已经提出但未能实证的设想和问题进行解答。因此，研究问题都是空间结构研究中已经存在的基本问题。既往研究因观测手段有限，导致描述比较模糊，理论假设难以精确验证。本研究借助移动定位大数据（手机信令数据为主，地铁刷卡数据为辅），从功能联系视角补充对空间结构的认识，有望在观测的客观性，描述的可靠性，验证的精确性等方面有所突破。希望能使一些理论假设进入应用时，变得比较可靠、精确。本研究具体有以下4个特点：

（1）从手机信令数据中提取功能联系数据：提出了从手机信令数据中识别工作地、居住地和游憩地的方法，识别结果通过检验，能反映全市适龄劳动人口的就业、游憩、居住活动分布规律，构建就业—居住功能联系数据集和游憩—居住功能联系数据集。

（2）从功能联系视角测度中心体系：利用就业—居住功能联系数据和游憩—居住功能联系数据，识别就业中心和商业中心，从功能联系视角补充对能级的认识，分析各中心腹地和势力范围，揭示中心体系的功能联系特征。

（3）从功能联系视角解析空间结构模式：基于"人流"的功能联系建立街道空间联系网络，将研究范围划分为若干有紧密联系的功能区，再结合中心体系，总结功能联系视角的空间结构模式。

此外，本书以上海中心城区空间结构为研究对象，主要从功能联系视角分析"人"对空间使用的特征，发现问题、剖析问题背后的原因，希望有助于进一步认识上海中心城区空间结构、为优化空间结构提供参考。本书虽然使用的是手机信令数据，但本书构建的基于移动定位大数据的空间结构研究内容体系、空间分析方法、数据处理思路同样适用于使用其他类型移动定位大数据研究其他城市中心城区空间结构。

8.4　讨论

8.4.1　对数据的讨论

（1）移动定位大数据的选择

移动定位大数据包括社交网站签到数据、公交刷卡数据、浮动车GPS数据、手机数据等，各有优缺点，都能从中提取功能联系数据。本研究需要分析上海中心城区空间结构的整体特征，只有数据能覆盖整个研究范围，客观反映全部适龄劳动人口的活动规律，研究结论才能反映空间结构的真实特征。相比较而言，手机数据中的手机信令轨迹较连续、客观性较好、抽样较随机，是现阶段最适宜本项研究的数据。当然研究中还使用了地铁刷卡数据对识别的就业中心和商业中心做了验证，保证识别结果可靠、可信。

（2）手机信令数据的时间序列

从手机信令数据中识别居住地、工作地需要多日数据反复识别，游憩地识别结果需要检验每个休息日游憩活动规律是否一致。因此，数据的时间序列越长，识别结果可信度越高。但受数据获取制约，笔者得到的 2015 年上海联通手机信令数据只有连续 10 个工作日和 6 个休息日，2011 年上海移动 2G 手机信令数据只有连续 5 个工作日和 2 个休息日，这一问题暂无法解决。希望未来能获取更长时间序列数据，识别结果可能更具可信性。

（3）手机信令数据的采集质量

由于各种原因，笔者获取的手机信令数据都不甚理想，存在各种问题。2011 年上海移动手机信令数据缺失基站小区之间移动位置变更连接基站的信令，轨迹不连续，而且基站被随机偏移 800m 左右，定位精度损失较大，周期性位置更新达到 120min。2015 年上海联通手机信令数据只能在运营商平台上布置算法取回计算结果，无法接触到信令记录本身，数据处理完后才发现缺失 1 个工作日的数据。数据质量问题导致 2011 年上海移动手机信令数据无法识别游憩地，2015 年上海联通手机信令数据居住地、工作地识别率偏低。虽然识别结果通过检验，表明识别结果仍能代表全市居民的就业—居住活动规律和游憩—居住活动规律，但若有质量更好的数据，识别结果将会更加可靠。

（4）手机信令数据的误差

手机信令数据只有在触发信令事件时才会产生记录，且基站定位精度存在 800m 左右误差。本书通过设定特征时间点、60% 的重复率反复识别，尽量保证识别到的居住地和工作地为代表用户真实居住地和工作地最近的基站；通过同时设定停留时间和活动范围，尽量保证识别到的游憩地为代表用户真实游憩地最近的基站。虽然识别结果需要通过基站进行定位，无法避免误差，但在上海中心城区 1180km^2 范围内测度空间结构，这一误差还是可以接受的。居住地、工作地识别结果分别用以街道为空间单元的六普、三经普数据做检验，保证识别结果能基本反映全市适龄劳动人口的活动规律。并且就业密度、居住密度、游憩活动强度的具体空间分布经判断也基本符合现状特征（如日间就业密度值高的陆家嘴中心绿地附近夜间居住密度显示为低值，上海火车站虽然人流量大但就业密度并未呈高值，日间游憩活动强度值高的五角场万达夜间居住密度显示为低值，符合常理）。

（5）游憩活动识别

居住活动、就业活动具有规律性，通过多日活动规律反复识别已成为识别居住地、工作地的常规方法。但游憩地识别却不同，每个休息日的游憩活动不具有规律性，且游憩活动过程中个体可能会不断移动，因此不能使用重复率的方法识别，只能对每个休息日的游憩活动单独识别，且需要识别哪些轨迹是在游憩活动过程中产生的。本书考虑手机信令周期性位置更新时间、一次游憩活动持续时间、基站定位误差，设定 30min 的时间阈值、1000m 的距离阈值识别游憩地，将游憩活动中连接过的基站都识别为游憩地，再按停留时间将每个休息日、每个游憩者的游憩活动量（总量为 1）分配给每个基站，表示游憩活动过程中停留时间越长的基站游憩活动量越大，可减少识别误差对游憩活动强度分布的影响。游憩活动强度分析结果也表明虽然每个个体在每个休息日的游憩活动可能是不规律的，但是从整体层面来看，全市居民的游憩活动依然是有规律的，这也符合常识。

（6）数据采集时间不一致

与传统调查、统计资料相比，手机信令数据的优势就是能同时获取工作地、居住地和游憩地信息，且三者抽样都较随机。但和传统数据相比，手机信令不含个体社会经济属性，难以开展解释性研究。本书将手机信令数据和六普数据相结合，根据居住地所属街道居民的社会经济属性大致估算个体属性，一定程度上解决了这个问题。但六普数据和手机信令数据存在 5 年的时间间隔，对分析结果有一定影响。由于人口普查以 10 年为调查周期，没有与 2015 年上海联通手机信令数据采集时间相匹配的人口普查数据；2011 年上海移动手机信令数据无法识别游憩活动，不支持游憩空间结构研究。这一问题本书无法解决。考虑到上海中心城区发展较成熟、人口结构已相对稳定，两种数据存在 5 年的时间间隔应该不会对分析结果有很大影响。

8.4.2 对空间结构测度方法的讨论

（1）就业中心、商业中心边界划分

受数据采集精度制约，使用传统数据和方法，识别得到的就业中心、商业中心往往需要以街道、交通小区等为空间单元，虽有诸多问题（详见 5.1.1），但不存在空间单元再划分的问题。使用手机信令数据以 200m × 200m 的栅格为空间单元，识别得到的就业密度、游憩活动强度高值聚类区在中心地区连绵成片（图 5-2、图 6-2），依据传统认知这其中包含了若干个中心。如浦西内环内地铁 2 号线沿线的就业密度高值聚类区在传统认知中并非 1 个中心，上海传统的南京东路、南京西路、淮海路等中心都位于其中。因此，需要将成片的高值聚类区再做进一步划分。当然不同的划分结果会对分析结论产生影响，如采取一种极端做法，中心地区成片的高值聚类区若作为 1 个中心，其能级必然是最高的，但这不符合常理。

本研究根据对就业中心、商业中心的传统认知，以及分区规划中确定的公共活动中心及范围将成片的高值聚类区再进一步划分成若干小的中心。进一步划分边界后，本研究所述的就业中心、商业中心基本能与规划所指的各个公共活动中心相对应，分析结论能直接为规划优化空间结构提供帮助。

（2）就业中心界定

本研究使用就业密度识别就业中心，只有就业密度明显比周边高的地区才会被识别为就业中心，无法将就业密度较低、但就业规模较大的地区识别为就业中心，如张江高科技园区、金桥出口加工区等产业园区。这其实涉及就业中心的界定问题。根据 Giuliano、McMillen 等学者构建的就业中心识别方法，当前依据就业密度识别就业中心已成为公认的方法。在上海，一般公众往往将金桥出口加工区作为重要就业地区，但事实上，金桥的就业密度很低，因此专业和公众对就业中心的认识存在差异，属正常现象。另一方面，像张江高科技园区（这里以六普中的张江高科技园区和张江镇统计）面积 48.2km^2，已经远远超出了一般意义上的单个就业中心的空间尺度。因此，本书未将就业规模较大的产业园区作为就业中心，在产业园区内部就业密度较高的地区，如张江高科技园区内的张江和浦东软件园仍能被识别为就业中心。

（3）功能联系视角的能级

从功能联系视角测度能级尚无达成共识的方法。问题的关键是除联系量外是否还要考虑联系的空间范围、联系的空间分布，若需要，如何界定高能级中心、用什么方法测度。本研究将功能联系视角能级高的中心界定为与其他地区联系的空间范围越大、联系的空间分布越均匀，意为这类中心提供的服务能兼顾各类人群需求，空间影响力较大。不考虑中心商品和服务所属的价值区段、开发强度等非功能联系特征。这一界定下的测度方法已由 Vasanen 提出，只有当中心与其他地区联系的空间范围越大、联系的空间分布越均匀时，能级的定量指标才会越大，是当前适合本书能级界定的、简单、可操作的测度方法。

从测度结果来看，与传统认知有所差异，特别是商业中心。公认的发展较好的两个副中心徐家汇和五角场出行联系视角能级仅位列第三等级，可能难以理解。但若从这两个中心的主要腹地范围来看，仅局限在自身周边有限的空间范围内，这一范围内居住密度也并不高，说明这两个中心虽然有较高人气，但并未能影响整个中心城区范围内大多数居民的游憩活动，出行联系视角能级自然较低。基于功能联系测度能级，可以发现使用传统数据难以发现的空间结构特征。看问题的视角不同，结论也会不同。

（4）空间分析参数取值

此外，空间结构测度中因进行定量分析，其中必然会涉及参数取值的问题。本书虽使用现有成熟的空间分析方法，但参数值多数无可参考依据，且发现随参数变化结果变化趋势较缓和，不存在突变，只能在综合考虑各种因素的基础上主观确定参数值。当然，参数取值也并不是随意的，如中心城就业者的就业活动影响范围代表的等值线取包含98%中心城就业者的居住密度是考虑了等值线围合的面积曲率变化确定的，核密度分析搜索半径取800m是考虑了基站覆盖半径确定的，职住空间联系分区采用分辨率=1和分辨率=0.5划分主分区和次分区是考虑了和研究尺度相适宜的分区数量确定的。

本书的定量分析结果不能保证所反映的空间结构特征是绝对"精确的"，依然只能反映"大致"特征。虽然若取其他参数值结果可能会有所不同，但像就业中心呈"主中心强大的弱多中心体系"、就业现状空间结构呈"弱多中心体系 + 扇形分区"等结论不会改变。而且与定性方法相比，这种空间结构的"大致"特征虽不能说"非常精确"，但能使结论有据可依、"比较准确"。

附录 A　参数调整对居住地、工作地识别结果的影响

（1）检验说明

居住地、工作地识别（图 3-2）中有两个关键参数，距离阈值 1000m 和重复率阈值 60%。这两个参数变化将影响识别结果，为选择合理参数值，使用 2011 年上海移动手机信令数据，调整这两个参数，比较识别率和识别准确率（表 A1 ~ 表 A6）。

（2）检验结果

参数调整对识别率和识别准确率都有影响，但对识别率的影响更大。

距离阈值和重复率阈值对识别率都有影响，后者对识别率的影响更大。重复率阈值小于 60% 时，重复率阈值变化对识别率影响不大，重复率阈值大于等于 60% 时，随着重复率阈值提高识别率下降。随着距离阈值提高识别率上升。

距离阈值和重复率阈值对识别准确率都有影响，后者对识别准确率的影响更大。随着重复率阈值提高居住地和工作地的识别准确率都下降。重复率阈值小于 60% 时，距离阈值变化对识别准确率影响不大；重复率阈值大于等于 60% 时，工作地识别准确率随距离阈值提高下降；重复率阈值等于 60% 时，居住地识别准确率随距离阈值提高上升，重复率阈值等于 100% 时，则相反。

（3）参数选择

参数选择的标准是在保证一定识别率的基础上获得较高的识别准确率。

根据检验结果，在距离阈值相同的情况下，重复率阈值越低识别率和识别准确率越高。即从数值上来看，较低的重复率能得到较高的识别率和识别准确率，但依据一般常识，以较低重复率识别得到的结果往往令人难以信服。例如，根据手机信令数据，某一用户 10 天中只有两个晚上在同一位置（重复率 20%），其余 8 个晚上每天都在相距很远的不同地点，这两个晚上所处的位置是否能保证就是该用户的居住地。如果该用户有 6 个晚上所处的位置相同（重复率 60%），将这个位置作为该用户的居住地可能更容易被接受。60% 是日常生活中判断是否"占多数"的公认数值。而且本书希望获取的就业—居住功能联系是一种经常性的联系，只有依据经常性联系才能准确反映城市空间结构的特征。即使那两个晚上该用户所处的位置确实是其居住地，以这种偶尔的联系反映空间结构会有较大偏差。因此，重复率阈值取 60% 较合适。

在重复率阈值相同的情况下，较高的距离阈值能得到较高的识别率，但工作地识别准确率会下降。因此距离阈值不能太高也不能太低，考虑到基站定位误差（800m 左右），距离阈值不能小于 800m，取 1000m 较合适。

能识别居住地的用户的识别率   表 A1

重复率＼距离	500m	800m	1000m	1500m
20%	81%	83%	83%	84%
40%	80%	82%	83%	84%
60%	61%	65%	67%	70%
80%	36%	43%	46%	51%
100%	15%	20%	23%	27%

能识别工作地的用户的识别率   表 A2

重复率＼距离	500m	800m	1000m	1500m
20%	90%	91%	91%	92%
40%	86%	88%	89%	91%
60%	55%	63%	70%	71%
80%	18%	24%	27%	33%
100%	2%	3%	4%	6%

能同时识别居住地和工作地的用户的识别率   表 A3

重复率＼距离	500m	800m	1000m	1500m
20%	76%	78%	79%	80%
40%	72%	75%	77%	79%
60%	40%	48%	54%	56%
80%	11%	16%	19%	24%
100%	1%	2%	2%	4%

能同时识别居住地和工作地且居住地和工作地不同的用户的识别率   表 A4

重复率＼距离	500m	800m	1000m	1500m
20%	55%	56%	57%	58%
40%	51%	54%	55%	57%
60%	27%	33%	37%	39%
80%	6%	10%	13%	16%
100%	0.40%	1%	1%	2%

能同时识别居住地和工作地且居住地和工作地不同的用户，其居住地识别准确率　　表 A5

距离 重复率	500m	800m	1000m	1500m
20%	0.92	0.92	0.92	0.93
40%	0.91	0.92	0.92	0.93
60%	0.84	0.84	0.86	0.87
80%	0.74	0.73	0.73	0.74
100%	0.65	0.63	0.61	0.59

注：居住地识别准确率是指能同时识别居住地和工作地且居住地和工作地不同的用户的居住地按街道汇总人数，计算和六普各街道就业者居住人数的相关系数。

能同时识别居住地和工作地且居住地和工作地不同的用户，其工作地识别准确率　　表 A6

距离 重复率	500m	800m	1000m	1500m
20%	0.73	0.73	0.73	0.73
40%	0.73	0.73	0.73	0.73
60%	0.69	0.67	0.67	0.66
80%	0.56	0.51	0.5	0.48
100%	0.36	0.31	0.29	0.26

注：工作地识别准确率是指能同时识别居住地和工作地，且居住地和工作地不同的用户的工作地按街道汇总人数，计算和三经普各街道就业岗位数的相关系数。

附录 B　就业中心腹地

不夜城

曹安

曹杨路

漕河泾经济技术开发区

打浦桥

大柏树

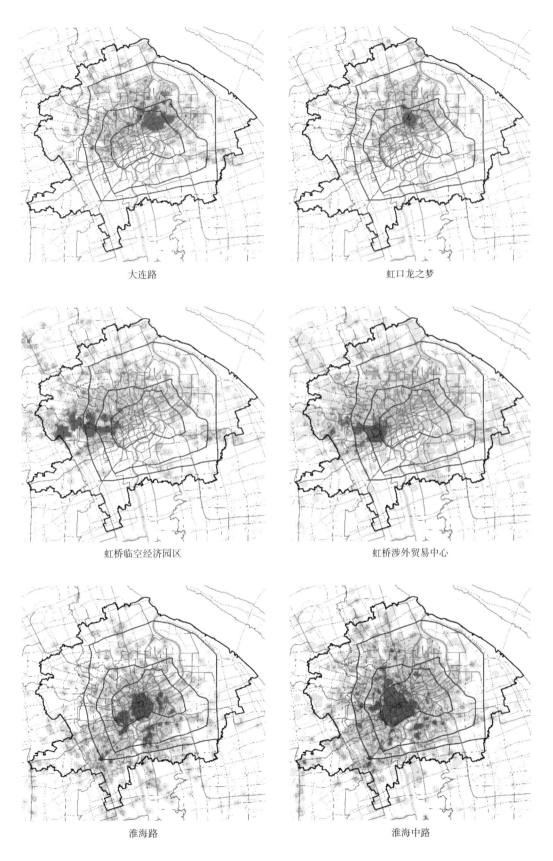

大连路

虹口龙之梦

虹桥临空经济园区

虹桥涉外贸易中心

淮海路

淮海中路

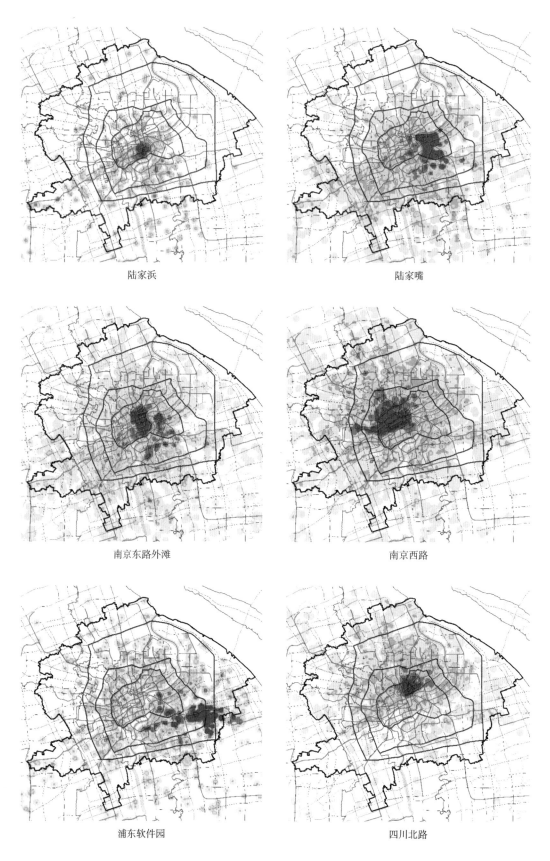

陆家浜

陆家嘴

南京东路外滩

南京西路

浦东软件园

四川北路

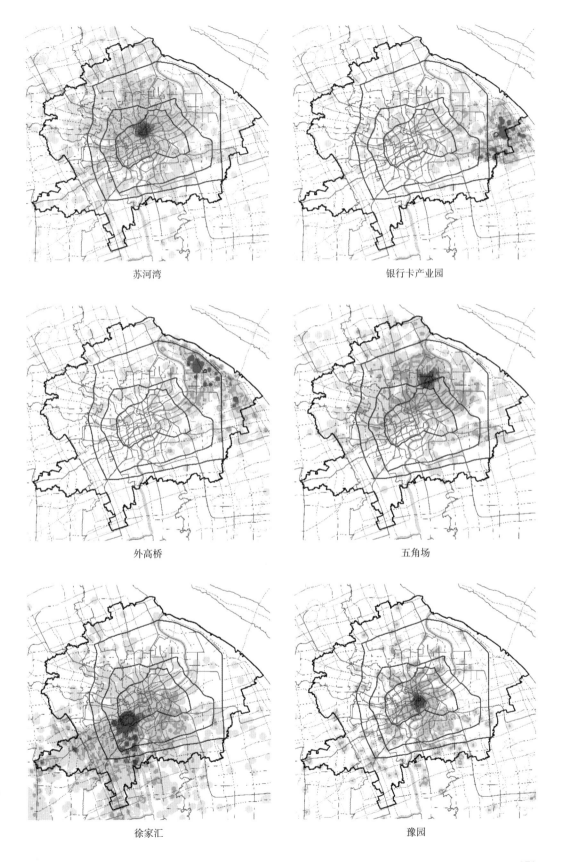

苏河湾　　　　　　　　　　　　　　　　银行卡产业园

外高桥　　　　　　　　　　　　　　　　五角场

徐家汇　　　　　　　　　　　　　　　　豫园

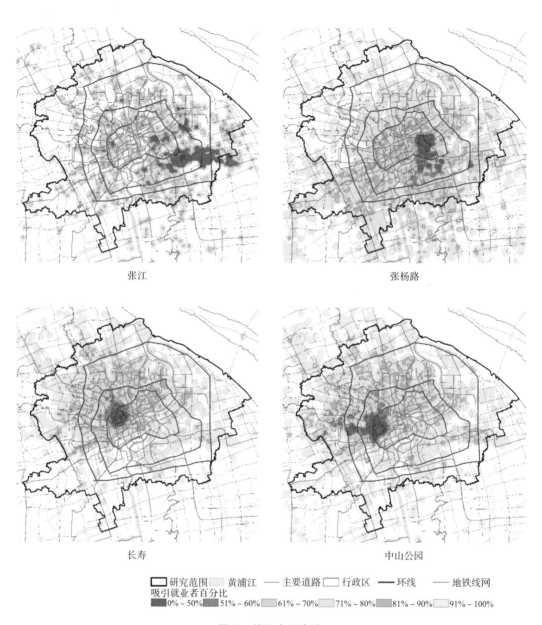

张江

张杨路

长寿

中山公园

研究范围 ☐ 黄浦江 ☐ 主要道路 —— 行政区 ☐ 环线 —— 地铁线网 ——
吸引就业者百分比
0% ~ 50% 51% ~ 60% 61% ~ 70% 71% ~ 80% 81% ~ 90% 91% ~ 100%

图 B 就业中心腹地

附录 C　商业中心腹地

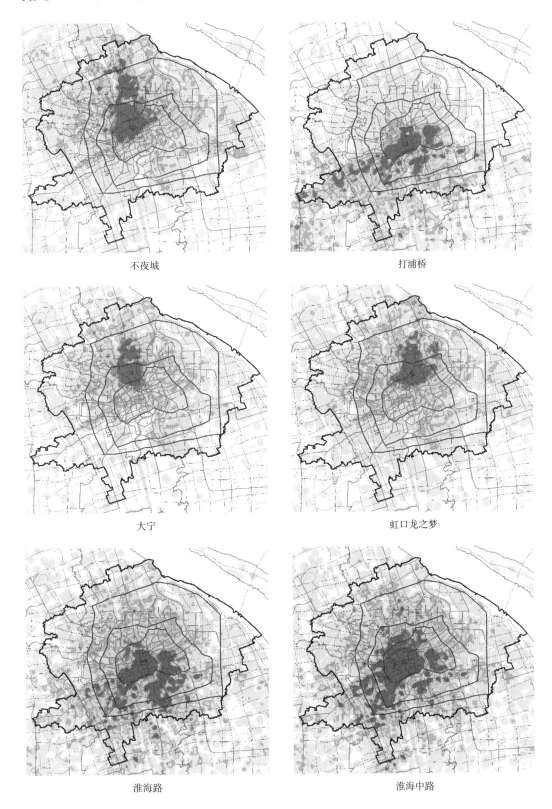

不夜城

打浦桥

大宁

虹口龙之梦

淮海路

淮海中路

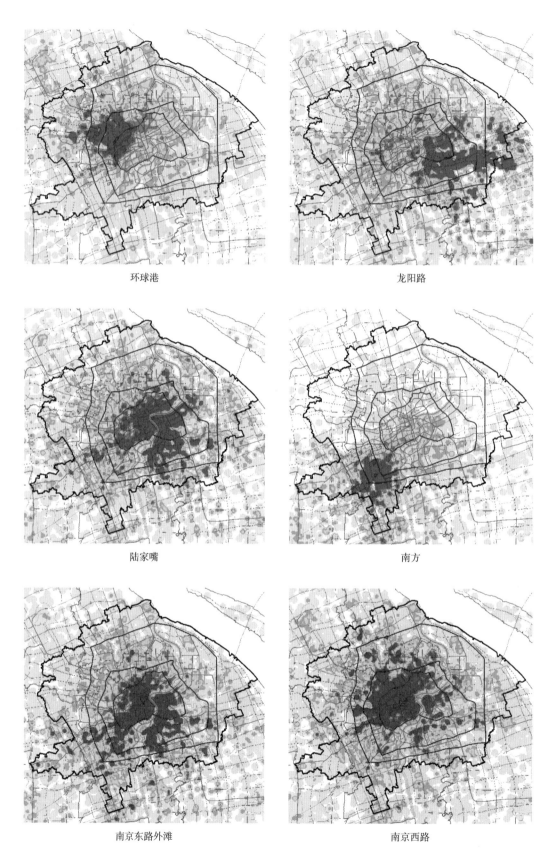

环球港　　　　　　　　　　　　　　龙阳路

陆家嘴　　　　　　　　　　　　　　南方

南京东路外滩　　　　　　　　　　　南京西路

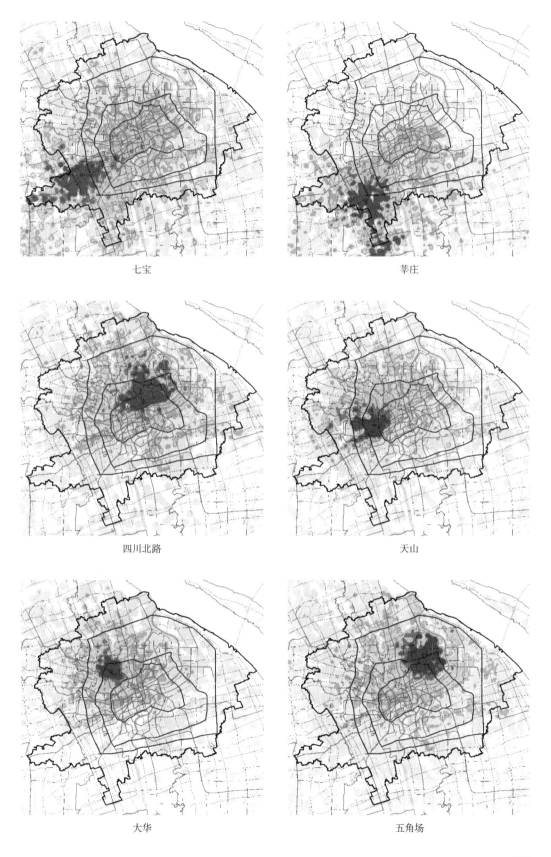

七宝

莘庄

四川北路

天山

大华

五角场

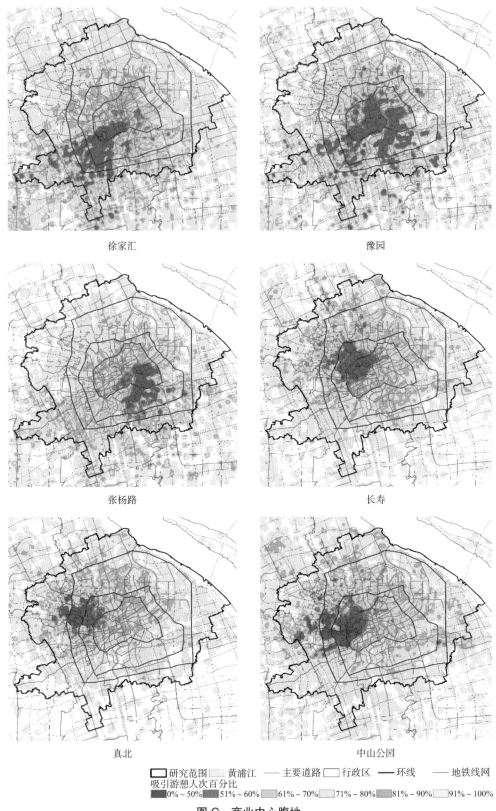

徐家汇

豫园

张杨路

长寿

真北

中山公园

<table>
<tr><td>☐ 研究范围</td><td>▓ 黄浦江</td><td>—— 主要道路</td><td>☐ 行政区</td><td>—— 环线</td><td>—— 地铁线网</td></tr>
</table>

吸引游憩人次百分比

| ▓ 0%~50% | ▓ 51%~60% | ▓ 61%~70% | ▓ 71%~80% | ▓ 81%~90% | ▓ 91%~100% |

图 C　商业中心腹地

附录 D　各街道居民社会经济属性

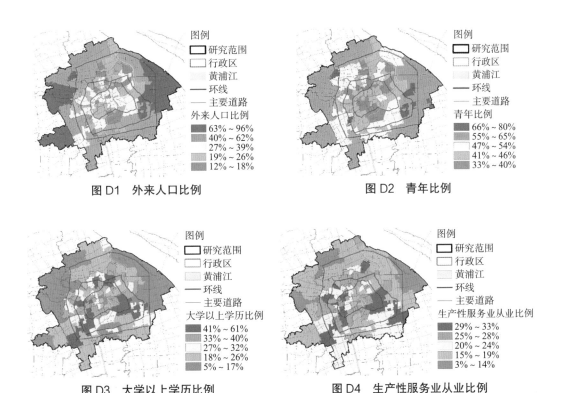

图 D1　外来人口比例

图 D2　青年比例

图 D3　大学以上学历比例

图 D4　生产性服务业从业比例

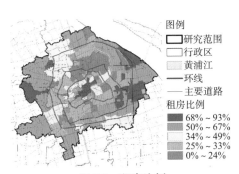

图 D5　租房比例

参考文献

[1] AHAS R, Mark U. Location based services-new challenges for planning and public administrations? [J]. Futures, 2005, 37（6）: 547-561.

[2] AHAS R, SILM S, JARV O, *et al*. Using mobile positioning data to model locations meaningful to users of mobile phones[J]. Journal of Urban Technology, 2010, 17（1）: 3-27.

[3] ALONSO W. A Theory of the urban land market[J]. Papers and Proceedings of the Regional Science Association, 1960, 6（1）: 149-155.

[4] BATTY M. The new science of cities [M]. Cambridge: The MIT Press, 2013.

[5] BECKER R A, CACERES R, HANSON K, *et al*. A tale of one city: using cellular network data for urban planning [J]. Pervasive Computing IEEE, 2011, 10（4）: 18-26.

[6] BECKER R, CÁCERES R, HANSON K, *et al*. Human mobility characterization from cellular network data [J]. Communications of the Acm, 2013, 56（1）: 74-82.

[7] BERRY BJL, GARRISON WL. The functional bases of the central place hierarchy [J]. Economic Geography, 1958a, 34（2）: 145-154.

[8] BERRY BJL, GARRISON WL. A note on central place theory and the range of a good [J]. Economic Geography, 1958b, 34（4）: 304-311.

[9] BERRY BJL. Commercial structure and commercial blight [R]. University of Chicago, Department of Geography. Chicago: Research Paper, 1963: 85.

[10] BERRY BJL. Internal structure of the city [J]. Law & Contemporary Problems, 1965, 30（1）: 111-119.

[11] BLONDEL V D, GUILLAUME J L, LAMBIOTTE R, *et al*. Fast unfolding of communities in large networks [J]. Journal of Statistical Mechanics Theory & Experiment, 2008, 2008（10）: 155-168.

[12] BURGER M, MEIJERS E. Form follows function? Linking morphological and functional polycentricism [J]. Urban Studies, 2012, 49（5）: 1127-1149.

[13] CALABRESE F, LORENZO G D, LIU L, et al. Estimating origin-destination flows using mobile phone location data [J]. Pervasive Computing IEEE, 2011, 10（4）: 36-44.

[14] CALABRESE F, MI D, LORENZO G D. Understanding individual mobility patterns from urban sensing data: a mobile phone trace example [J]. Transportation Research Part C-Emerging Technologies, 2013, 26（1）: 301-313.

[15] DAVIES R L. Marketing geography: with special reference to retailing [M]. London: Methuen,

1976.

[16]   ERICKSEN EG. Urban behavior [M]. New York：Macmillan，1954.

[17]   FOLEY L.D. An approach to metropolitan spatial structure [M] //WEBBER M.M，eds. Exploration into urban structure. Philadelphia：University of Pennsylvania Press，1964：21-78.

[18]   GAO S，LIU Y，WANG Y L，*et al.* Discovering spatial interaction communities from mobile phone data [J]. Transactions in GIS，2013，17（3）：463-481.

[19]   GIRVAN M，NEWMAN M E. Community structure in social and biological networks [J]. Proceedings of the National Academy of Sciences of the United States of America，2001，99（12）：7821-7826.

[20]   GIULIANO G，SMALL K A. Subcenters in the Los Angeles Region [J]. Regional Science and Urban Economics，1991，21（2）：163-182.

[21]   GREEN N. Functional Polycentricity：a formal definition in terms of social network analysis [J]. Urban Studies，2007，44（11）：2077-2103.

[22]   HUFF D L. Determination of intra-urban retail trade areas [R]. Los Angeles，Real Estate Research Program，Graduate Schools of Business Administration，University of California，1962.

[23]   HUFF D L. The delineation of a national system of planning regions on the basis of urban spheres of influence [J]. Regional Studies，1973，7（3）：323-329.

[24]   HUFF D L，LUTZ J M. Ireland's urban system [J]. Economic Geography，1979，55（3）：196-212.

[25]   HUFF D L，LUTZ J M. Change and continuity in the Irish urban system，1966-81 [J]. Urban Studies，1995，32（1）：155-173.

[26]   JOHN D，PETER H，RONAN F，*et al.* Population mobility dynamics estimated from mobile telephony data [J]. Journal of Urban Technology，2014，21（2）：109-132.

[27]   KANG C G，ZHANG Y，MA X J，*et al.* Inferring properties and revealing geographical impacts of intercity mobile communication network of China using a subnet data set [J]. International Journal of Geographical Information Science，2013，27（3）：431-448.

[28]   KRISP J M. Planning fire and rescue services by visualizing mobile phone density [J]. Journal of Urban Technology，2010，17（1）：61-69.

[29]   LESLIE T F. Identification and differentiation of urban centers in Phoenix through a multi-criteria kernel-density approach [J]. International Regional Science Review，2010，33（2）：205-235.

[30]   LIU L，BIDERMAN A，RATTI C. Urban mobility landscape：real time monitoring of urban mobility patterns [C] //11th International Conference on Computers in Urban Planning and Urban Management，2009：16-18.

[31]   LIU X，GONG L，GONG Y，*et al.* Revealing travel patterns and city structure with taxi trip data [J]. Journal of Transport Geography，2013（43）：78-90.

[32]　LIU Y，WANG F H，XIAO Y. Urban Land uses and traffic 'source-sink areas': evidence from gps-enabled taxi data in Shanghai [J]. Landscape and Urban Planning，2012，106（1）: 73-87.

[33]　MANFREDINI F，PUCCI P，TAGLIOLATO P. Toward a systemic use of Manifold cell phone network data for urban analysis and planning [J]. Journal of Urban Technology，2014，21（2）: 39-59.

[34]　MAYER-SCHONBERGER V，CUKIER K. Big data: a revolution that will transform how we live，work and think [M]. London: John Murray Publishers Ltd，2013.

[35]　MCMILLEN D P，MCDONALD J F. Population density in suburban Chicago: a bid-rent approach [J]. Urban Studies，1998，35（7）: 1119-1130.

[36]　MCMILLEN D P. Nonparametric employment subcenter identification [J]. Journal of Urban Economics，2001，50（3）: 448-473.

[37]　MEIJERS E. From central place to network model: theory and evidence of a paradigm change [J]. Tijdschrift Voor Economische En Sociale Geografie，2007，98（2）: 245-259.

[38]　PARR J B. Spatial definitions of the city: four perspectives [J]. Urban Studies，2007，44（2）: 381-392.

[39]　PEI T，SOBOLEVSKY S，RATTI C，*et al.* A new insight into land use classification based on aggregated mobile phone data [J]. International Journal of Geographical Information Science，2014，28（9）: 1988-2007.

[40]　QI G D，LI X L，LI S J，*et al.* Measuring social functions of city regions from large-scale taxi behaviors [C] //2011 IEEE International Conference on Pervasive Computing and Communications Workshops（PERCOM Workshops），2011: 384-388.

[41]　RATTI C，FRENCHMAN D，PULSELLI R M，*et al.* Mobile landscapes: using location data from cell phones for urban analysis [J]. Environment and Planning B-Planning & Design，2006，33（5）: 727-748.

[42]　RATTI C，SOBOLEVSKY S，CALABRESE F，*et al.* Redrawing the map of Great Britain from a network of human interactions [J]. Plos One，2010，5（12）: 1-6.

[43]　READES J，CALABRESE F，SEVTSUK A，*et al.* Cellular census: explorations in urban data collection [J]. Pervasive Computing IEEE，2007，6（3）: 30-38.

[44]　READES J，CALABRESE F，RATTI C. Eigenplaces: analysing cities using the space-time structure of the mobile phone network [J]. Environment and Planning B-Planning & Design，2009，36（5）: 824-836.

[45]　ROTH C，KANG S M，BATTY M，*et al.* Structure of urban movements: polycentric activity and entangled hierarchical flows [J]. Plos One，2011，6（1）: 1-8.

[46]　SEVTSUK A，RATTI C. Does urban mobility have a daily routine? Learning from the aggregate data of mobile networks [J]. Journal of Urban Technology，2010，17（1）: 41-60.

[47]　TAAFFE EJ，GARNER BJ，YEATES MH. The peripheral journey to work: a geographic

consideration [M]. Evanston：Northwestern University Press，1963.

[48]　VASANEN A. Functional polycentricity：examining metropolitan spatial structure through the connectivity of urban sub-centers [J]. Urban Studies，2012，49（16）：3627-3644.

[49]　VIEIRA M R，FRIAS-MARTINEZ V，OLIVER N，*et al.* Characterizing dense urban areas from mobile phone-call data：discovery and social dynamics [C] //IEEE Second International Conference on Social Computing，Socialcom/IEEE International Conference on Privacy，Security，Risk and Trust，Passat 2010，Minneapolis，Minnesota，USA，2010.241-248.

[50]　WEBBER M.M. The urban place and no place urban realm [M] //WEBBER M.M，eds. Exploration into urban structure. Philadelphia：University of Pennsylvania Press，1964：79-137.

[51]　YEATES MH，GARNER BJ. The North American city[M]. 3th ed .New York：Harper Collins Publishers，1980.

[52]　ZHONG C，ARISONA S M，Huang X F，*et al.* Detecting the dynamics of urban structure through spatial network analysis [J]. International Journal of Geographical Information Science，2014，28（11）：2178-2199.

[53]　（英）彼得·霍尔,（英）凯西·佩恩 . 多中心大都市：来自欧洲巨型城市区域的经验 [M]. 罗震东，译 . 北京：中国建筑工业出版社，2010.

[54]　柴彦威，马静，马修军，等 . 城市地理学思想与方法 [M]. 北京：科学出版社，2012 .

[55]　陈映雪，甄峰 . 基于居民活动数据的城市空间功能组织再探究——以南京市为例 [J]. 城市规划学刊，2014，5：72-78.

[56]　程学旗，沈华伟 . 复杂网络的社区结构 [J]. 复杂系统与复杂性科学，2011，8（1）：57-70.

[57]　丁亮，钮心毅，宋小冬 . 基于移动定位大数据的城市空间研究进展 [J]. 国际城市规划，2015，30（4）：53-58.

[58]　（英）菲利普·麦卡恩 . 城市与区域经济学 [M]. 李寿德，蒋录全，译 . 上海：上海人民出版社，2010.

[59]　冯长春，谢旦杏，马学广，等 . 基于城际轨道交通流的珠三角城市区域功能多中心研究 [J]. 地理科学，2014（6）：648-655.

[60]　付磊 . 全球化和市场化进程中大都市的空间结构及其演化 [D]. 上海：同济大学，2008.

[61]　谷一桢，郑思齐，曹洋 . 北京市就业中心的识别：实证方法及应用 [J]. 城市发展研究，2009，16（9）：118-124.

[62]　顾朝林,甄峰,张京祥 . 集聚与扩散——城市空间结构新论 [M]. 南京：东南大学出版社，2000 .

[63]　顾朝林,庞海峰 . 基于重力模型的中国城市体系空间联系与层域划分 [J]. 地理研究,2008,27(1)：1-12.

[64]　韩昊英,于翔,龙瀛 . 基于北京公交刷卡数据和兴趣点的功能区识别 [J]. 城市规划,2016,40（6）：52-60.

[65] 何丹，杨犇 . 高速铁路对沿线地区城市腹地的影响研究——以皖北地区为例 [J]. 城市规划学刊，2011（4）：66-74.

[66] 胡娟，胡忆东，朱丽霞 . 基于"职住平衡"理念的武汉市空间发展探索 [J]. 城市规划，2013（8）：25-32.

[67] 蒋丽，吴缚龙 . 广州市就业次中心和多中心城市研究 [J]. 城市规划学刊，2009（3）：75-81.

[68] 李健，宁越敏 . 1990 年代以来上海人口空间变动与城市空间结构重构 [J]. 城市规划学刊，2007（2）：20-24.

[69] 李云，唐子来 . 1982-2000 年上海市郊区社会空间结构及其演化 [J]. 城市规划学刊，2005（6）：27-36.

[70] 刘贤腾，顾朝林 . 解析城市用地空间结构：基于南京市的实证 [J]. 城市规划学刊，2008（5）：78-84.

[71] 刘霄泉，孙铁山，李国平 . 北京市就业密度分布的空间特征 [J]. 地理研究，2011，30（7）：1262-1270.

[72] 柳英华 . 转型期间上海市区商业空间演变研究 [D]. 上海：上海师范大学，2006 .

[73] 龙瀛，张宇，崔承印 . 利用公交刷卡数据分析北京职住关系和通勤出行 [J]. 地理学报，2012，67（10）：1339-1352.

[74] 罗震东 . 长江三角洲功能多中心程度初探 [J]. 国际城市规划，2010，25（1）：60-65.

[75] 马吴斌，褚劲风，郭振东 . 上海产业集聚区发展与城市空间结构优化研究 [J]. 上海城市规划，2008（6）：38-41.

[76] 孟斌 . 北京城市居民职住分离的空间组织特征 [J]. 地理学报，2009，64（12）：1457-1466.

[77] 宁越敏，黄胜利 . 上海市区商业中心的等级体系及其变迁特征 [J]. 地域研究与开发，2005，24（2）：15-19.

[78] 宁越敏 . 上海大都市区空间结构的重构 [J]. 城市规划，2006（增刊）：44-45，55.

[79] 钮心毅，丁亮，宋小冬 . 基于手机数据识别上海中心城区的城市空间结构 [J]. 城市规划学刊，2014（6）：61-67.

[80] 彭再德，宁越敏 . 上海城市持续发展与地域空间结构优化研究 [J]. 城市规划汇刊，1998（2）：17-21，34-64 .

[81] 邱岳，韦素琼，陈进栋 . 基于场强模型的海西区地级及以上城市影响腹地的空间格局 [J]. 地理研究，2011，30（5）：795-803.

[82] 宋代军，杨贵庆 . 城市空间结构与就业岗位分布差异的定量描述——以上海市青浦新城为例 [J]. 城市规划学刊，2015（5）：75-81.

[83] 宋少飞，李玮峰，杨东援 . 基于移动通信数据的居民居住地识别方法研究 [J]. 综合运输，2015（12）：72-76.

[84] 宋小冬，柳朴，周一星 . 上海市城乡实体地域的划分 [J]. 地理学报，2006，61（8）：787-797.

[85] 孙斌栋，胥建华．上海城市交通的战略选择：空间结构的视角 [J]．城市规划，2007（8）：62-67.

[86] 孙斌栋，李南菲，宋杰洁，等．职住平衡对通勤交通的影响分析——对一个传统城市规划理念的实证检验 [J]．城市规划学刊，2010（6）：55-60.

[87] 孙斌栋，涂婷，石巍，等．特大城市多中心空间结构的交通绩效检验——上海案例研究 [J]．城市规划学刊，2013（2）：63-69.

[88] 孙斌栋，魏旭红．上海都市区就业——人口空间结构演化特征 [J]．地理学报，2014，69（6）：747-758.

[89] 孙铁山，王兰兰，李国平．北京都市区人口——就业分布与空间结构演化 [J]．地理学报，2012，67（6）：829-840.

[90] 唐子来．西方城市空间结构研究的理论和方法 [J]．城市规划汇刊，1997（6）：1-11.

[91] 唐子来，顾姝．上海市中心城区公共绿地分布的社会绩效评价：从地域公平到社会公平 [J]．城市规划学刊，2015（2）：48-56.

[92] 唐子来，陈颂，汪鑫，等．转型新时期上海中心城区社会空间结构与演化格局研究 [J]．规划师，2016，32（6）：105-111.

[93] 涂婷，孙斌栋．单中心与多中心视角下的上海城市交通问题与改善策略 [J]．城市公用事业，2009，23（3）：1-4，55.

[94] 王德，张晋庆．上海市消费者出行特征与商业空间结构分析 [J]．城市规划，2001（10）：6-14.

[95] 王德，王灿，谢栋灿，等．基于手机信令数据的上海市不同等级商业中心商圈的比较——以南京东路、五角场、鞍山路为例 [J]．城市规划学刊，2015a（3）：50-60.

[96] 王德，钟炜菁，谢栋灿，等．手机信令数据在城市建成环境评价中的应用——以上海市宝山区为例 [J]．城市规划学刊，2015b（5）：82-90.

[97] 王芳，高晓路，许泽宁．基于街区尺度的城市商业区识别与分类及其空间分布格局——以北京为例 [J]．地理研究，2015，34（6）：1125-1134.

[98] （美）威廉·阿朗索．区位和土地利用——地租的一般理论 [M]．梁进社，李平，王大伟，译．北京：商务印书馆，2007.

[99] 韦亚平，赵民，汪劲柏．紧凑城市发展与土地利用绩效的测度——"屠能—阿隆索"模型的扩展与应用 [J]．城市规划学刊，2008（3）：32-40.

[100] 魏旭红，孙斌栋．我国大都市区就业次中心的形成机制：上海研究及与北京比较 [J]．城市规划学刊，2014（5）：65-71.

[101] （德）沃尔特·克里斯塔勒．德国南部中心地原理 [M]．常正文，王兴中，译．北京：商务印书馆，2010.

[102] 仵宗卿，戴学珍．北京市商业中心的空间结构研究 [J]．城市规划，2001，（10）：15-19.

[103] 武进．中国城市形态：结构、特征及其演变 [M]．南京：江苏科学技术出版社，1990.

[104] 修春亮，魏冶，等．"流空间"视角的城市与区域结构 [M]．北京：科学出版社，2015.

[105] 许志榕. 上海市职住关系和通勤特征分析研究——基于轨道交通客流数据视角 [J]. 上海城市规划, 2016（2）: 114-121.

[106] 于涛方, 吴唯佳. 单中心还是多中心: 北京城市就业次中心研究 [J]. 城市规划学刊, 2016（3）: 21-29.

[107] 张延吉, 张磊. 城镇非正规就业与城市人口增长的自组织规律 [J]. 城市规划, 2016, 40（10）: 9-16.

[108] 张伊娜. 上海城市空间结构减载的经济学研究 [D]. 上海: 复旦大学, 2008.

[109] 甄峰, 王波, 陈映雪. 基于网络社会空间的中国城市网络特征——以新浪微博为例 [J]. 地理学报, 2012, 67（8）: 1031-1043.

[110] 周素红, 郝新华, 柳林. 多中心化下的城市商业中心空间吸引衰减率验证——深圳市浮动车 GPS 时空数据挖掘 [J]. 地理学报, 2014, 69（12）: 1810-1820.

[111] 周一星, 史育龙. 解决我国城乡划分和城镇人口统计的新思路 [J]. 统计研究, 1993（2）.

[112] 周一星, 胡智勇. 从航空运输看中国城市体系的空间网络结构 [J]. 地理研究, 2002（3）: 276-286.

[113] 朱喜钢. 城市空间集中与分散论 [M]. 北京: 中国建筑工业出版社, 2002.

后　记

本项研究始于 2014 年，当时"大数据"还是一个新名词。虽然大数据的界定、对城乡规划行业可能产生的影响都处在讨论中，具体研究成果不多，但无疑"大数据"掀起的浪潮已经席卷了整个规划行业。

在宋小冬教授的推动下，我们开始关注手机信令数据，由钮心毅教授牵头开始了"大数据"研究。面对数以亿计的数据，在缺少文献参考、经验借鉴、外部技术支持，甚至人员短缺的情况下，用两年时间逐步攻克了数据处理上的一个个技术难题、初步探索出了适用于城乡规划的应用方向，解决了应用中遇到的若干具体技术问题，并通过实际项目得到了检验。

因信令记录的是匿名个体移动轨迹，故我们将其归类为移动定位"大数据"。本书就是在技术方法相对成熟以后，主要应用手机信令这类移动定位"大数据"对城市内部空间结构所做研究的总结。本项研究源于城乡规划领域的研究问题，但其中数据处理方法和检验思路，对大城市核心建成区范围的讨论，城市中心的腹地和势力范围划分等内容同样也是当前大数据计算、公共管理、房地产投资等领域关注的问题。相关研究成果曾得到解放日报、上观新闻、澎湃新闻等报道，并被上海市政府网站、新浪等诸多网络媒体转载，受到上海市商务委员会关注。虽然本书中提出的分析方法已陆续在城市规划、城市规划学刊、地理学报等学术期刊上发表，但限于文章篇幅未能详尽论述。我们觉得有必要将阶段性研究成果整理出版，望抛砖引玉，共同推动"大数据"研究进步。

本项研究得到了同济大学建筑与城市规划学院、同济大学高密度人居环境生态与节能教育部重点实验室、上海同济城市规划设计研究院的支持，帮助解决了研究经费问题，我们随后又使用了其他城市、不同通信公司、不同年份的手机信令数据，得以对数据处理技术、研究方法做反复检验，确保研究成果可靠、可信。

感谢同济大学的各位老师、同学对本项研究提供的无私帮助。他们是金伟祖教授、施澄老师，以及王园园、王垚、毕晓东、霍腾、张开翼、王骏等同学。特别要感谢金伟祖教授和毕晓东、霍腾两位同学，帮助我们将 SQL 代码改写成能在运营商平台上运行的 MapReduce 代码，解决了在无法直接接触数据的情况下通过提交代码包对数据进行处理的技术难题，这一工作前后持续了半年时间，耗费了大量时间、精力。在本书出版过程中，中国建筑工业出版社的编辑们对本书的出版提供了大力扶持，在此表示感谢。最后，还要感谢浙江工业大学为本书出版提供经费资助。

遗憾的是由于本项研究前后持续了近 5 年，当成果可以出版时，书中部分结论已略有滞后。例如，新的购物中心已分别于 2016 年初和 2017 年底在金桥和顾村地区开业，这两个地区现已不缺少商业中心。另外，随着"大数据"研究持续推进，本书难免具有时代局限性，书中提出的思路、方法的缺漏在所难免，希望读者批评指正。

丁亮

2019 年 1 月